パティシエと、
お菓子好きのための
パリ・パティスリー・ガイド

はじめに

　「お菓子を学びたい」という人が、かならずといっていいほど訪れるのが、パリ。パリにはお菓子屋さんが、ほんとうにたくさんあります。たとえば、サン・ジェルマン・デ・プレ界隈。セーヌ通りやバック通りを歩けば、軒を連ねるようにして、お菓子屋さんが並んでいるのがわかるでしょう。面白いのは、こんなにたくさんお菓子屋さんがあるにもかかわらず、それぞれの店が他店とは異なる独自のカラーをもっていること。ババやモンブラン、オペラなど、誰もが知るフランス菓子の"定番"をつくった老舗から、デザイン性の高いケーキを提供する新鋭のパティスリー、高品質なチョコレートの専門店、昔ながらのやり方で伝統的なコンフィズリーを製造販売する店まで、さすがはお菓子の本場、菓子店というひと言では括れないほど、多様なジャンル、スタイルが存在し、共存しています。店舗デザインも同様に、古きよきパリを彷彿させるクラシックな店から、ジュエリーショップのようなスタイリッシュな店まで、さまざまです。

　本書では、お菓子を学びたい人のために、またお菓子好きの人のために、パリを訪れたらチェックしておきたい人気店をレポート。人気店35店のオーナーさんから直接、店の歴史や、店づくりのポイント、商品の特徴を伺いました。お菓子屋さん巡りをするにあたっては、予備知識が必要。店や商品の背景を知れば、お菓子の味わいもまた変わります。百花繚乱のパリのお菓子屋さんを紹介します。

目次

- 003 はじめに
- 006 凡例

パリの注目パティスリー

- 008 ラ・パティスリー・デ・レーヴ ロンシャン店
  La Pâtisserie des Rêves Longchamp
- 012 セバスチャン・ゴダール
  Sébastien Gaudard
- 016 ガトー・トゥー ミュー
  Gâteaux Thoumieux
- 020 ラ・パティスリー・バイ・シリル・リニャック ポール・ベール店
  La Pâtisserie by Cyril Lignac Paul Bert
- 024 ユゴー & ヴィクトール リヴ・ゴーシュ店
  Hugo & Victor Rive Gaushe
- 028 カール・マルレッティ
  Carl Marletti
- 032 ジャック・ジュナン フォンダー・アン・ショコラ
  Jacques Genin Fondeur en Chocolat
- 036 パン・ド・シュクル
  Pain de Sucre
- 040 デ・ガトー・エ・デュ・パン パストゥール店
  Des Gâteaux et du Pain Pasteur
- 044 パティスリー・サダハル・アオキ・パリ セギュール店
  Pâtisserie Sadaharu Aoki Paris Ségur
- 048 レクレール・ド・ジェニ マレ店
  L'Éclair de Génie Marais
- 052 フランス古典菓子 温故知新

パリの老舗パティスリー

- 058 ストレール
  Stohrer
- 062 ダロワイヨ サントノレ店
  Dalloyau Saint Honoré
- 066 ラデュレ ロワイヤル店
  Ladurée Royale
- 070 フォション マドレーヌ店
  Fauchon Madeleine
- 074 アンジェリーナ リヴォリ店
  Angelina Rivoli
- 078 カレット トロカデロ店
  Carette Trocadéro
- 082 ルノートル ヴィクトール・ユゴー店
  Lenôtre Victor Hugo
- 086 パリの製菓道具店
  モラ Mora
  ア・シモン A.Simon

撮影　赤平純一　上仲正寿
デザイン　田坂隆将　松尾美枝子　甘野あかね
編集　黒木 純
取材・編集協力　伊藤 文　加納雪乃　三富千秋
地図・イラスト　島内美和子

ショコラティエ & コンフィズリー

110　ジャン＝ポール・エヴァン
　　　サントノレ店
　　　Jean-Paul Hévin Saint Honoré

114　パトリック・ロジェ マドレーヌ店
　　　Patrick Roger Madeleine

118　ジャン＝シャルル・ロシュー
　　　Jean-Charles Rochoux

122　ミッシェル・ショーダン
　　　Michel Chaudun

126　ピエール・マルコリーニ
　　　スクリーブ店
　　　Pierre Marcolini Scribe

130　ル・ショコラ アラン・デュカス
　　　マニファクチュール・ア・パリ
　　　Le Chocolat Alain Ducasse Manufacture à Paris

134　レ・マルキ・ド・ラデュレ
　　　Les Marquis de Ladurée

138　アンリ・ルルー
　　　サン・ジェルマン店
　　　Henri Le Roux Saint Germain

142　クリストフ・ルセル
　　　デュオ クレアティフ アヴェック ジュリ
　　　Christophe Roussel duo créatif avec Julie

146　ア・ラ・メール・ド・ファミーユ
　　　フォブール・モンマルトル店
　　　A la Mère de Famille Faubourg Montmartre

150　フーケ モンテーニュ店
　　　Fouquet Montaigne

154　ラ・メゾン・ドゥ・ラ・プラリーヌ・マゼ
　　　La Maison de la Prasline Mazet

158　パリで製菓を学ぶ！
　　　エコール・アマトゥール・
　　　パヴィヨン・エリゼ・ルノートル
　　　Ecole Amateurs Pavillon Elysée Lenôtre
　　　エコール・ガストロノミック・ベルエ・コンセイユ
　　　Ecole Gastronomique Bellouet Conseil

160　掲載店 Map

実力派シェフの店

088　ピエール・エルメ・パリ ヴォジラール店
　　　Pierre Hermé Paris Vaugirard

092　アルノー・ラエール セーヌ店
　　　Arnaud Larher Seine

096　シュクレ・カカオ
　　　Sucré Cacao

100　ローラン・デュシェーヌ
　　　Laurent Duchêne

104　ジェラール・ミュロ サン・ジェルマン店
　　　Gérard Mulot Saint Germain

凡例

- 本書は、㈱柴田書店刊行の月刊MOOK「café-sweets」(2011年〜13年)、MOOK「SWEETS BIBLE」(2010年1月)の記事をもとに、新規取材を加えて構成したものです。

- 店舗の所在地、電話番号、営業時間、定休日などのデータは、2014年1月時点のものです。データ中の「メトロ」は、地下鉄の最寄り駅を表わしています。

- 商品価格は2014年1月時点のものです。その後変更している可能性もありますので、目安としてお考えください。

- 掲載商品は取材時に提供していたもので、つねに販売しているとは限りません。店の特徴を知るうえでの参考になるように紹介しています。2014年1月時点に店頭に並んでいなかった商品につきましては、取材時の価格を掲載しています。

- 通貨単位はユーロを€で表記しています。€1.00＝137.64円 (2014年2月3日時点)

パリの注目パティスリー

お菓子の世界で、つねに流行の発信地として注目され続けるパリ。毎年、世界中の多くのパティシエやお菓子好きがパリを訪れ、菓子づくりを学んだり、お菓子屋さんを食べ歩いたりしています。成熟した菓子文化をもつパリには、老舗や名店がひしめいていますが、一方で新しいコンセプトの店や、名店で修業を積んだ若手シェフの店も続々オープン。ここでは、近年オープンしたパティスリーを中心に、次世代へ向かって変わりゆくパティスリーの最新傾向をレポートします。

カリスマシェフが提案する伝統菓子
ラ・パティスリー・デ・レーヴ
ロンシャン店
La Pâtisserie des Rêves Longchamp

- 住所／111 rue de Longchamp 75016 Paris
  （Map D 167頁）
- 電話／01 47 04 00 24
- メトロ／Rue de la Pompe
- 営業時間／10:00～19:00、土・日曜 9:00～19:00
  （サロン・ド・テ 金曜 12:00～19:00、
  　　　　　　　土・日曜 9:00～18:00）
- 定休日／月曜
- http://www.lapatisseriedesreves.com/

2009年に1号店をオープンし、現在パリに4店舗を展開する「ラ・パティスリー・デ・レーヴ」は、今やパリ屈指の人気パティスリー。同店のシェフを務めるのは、奇才といわれるパティシエ、フィリップ・コンティシーニさんだ。「大人には子どものころに味わったお菓子の味がよみがえるような、子どもには甘い喜びに包まれるような、誰もが愛する本物のお菓子を提供したい」とコンティシーニさん。クラシックなフランス菓子のレシピを見直し、斬新なデザインと味わいをつくり出す表現手法は、つねに注目を集めている。

閑静な高級住宅街に立地するロンシャン店は2010年にオープンした2号店。

パティスリーは、お客がケース内のサンプルを見て注文したあと、地下のアトリエから運ぶという仕組み。

シェフパティシエのフィリップ・コンティシーニさん。レストラン「ラ・バスティード・サンアントワンヌ」のジャック・シボワ氏のもとでデザートの技術を習得。兄と「ラ・ターブル・ダンヴェール」を開業。レストラン「ペトロシアン」、パティスリー「ペルティエ」ではシェフパティシエを務めた。

100㎡の広々とした店舗は、ブランドカラーの白とピンクで構成した明るい雰囲気。

伝統菓子を現代的に解釈した話題のパティスリー

モロッコやポルトガルにリゾートホテルを展開する「ラ・メゾン・デ・レーヴ」が、パティスリー界の巨匠フィリップ・コンティシーニさんをシェフパティシエとして招聘してオープンした「ラ・パティスリー・デ・レーヴ」。誰もが大好きなクラシックなパティスリーがすべてそろう場所を、と願ってつくった店には、サントノレやパリ・ブレスト、エクレア、ミルフィーユなど、フランス人なら誰にとってもなじみ深い伝統菓子が多くそろっている。

しかし、伝統菓子といっても、そこは奇才といわれるコンティシーニさん。サントノレは長方形に、パリ・ブレストはプチシューをリング状に並べた形に、エクレアはフォンダンの代わりに薄いチョコレートを巻いて、といった具合にユニークな見た目。味の面でも、エクレアに使うコーヒーはイタリア風エスプレッソのイメージで特別に焙煎してもらう、タルト・タタンのリンゴは一般的なくし切りではなく薄くスライスして重ねる、パリ・ブレストはシューの中にプラリネを隠す、といったさまざまな仕掛けを施し、現代的なスタイルにアレンジしている。

アートのように菓子をディスプレー

店づくりにも斬新な試みがちりばめられている。パティスリーは約20品ラインアップしているが、一般的なショーケースを置かず、パティスリー1点1点をガラスケースに入れ、オブジェのようにプレゼンテーションしているのも同店の特徴だ。温度を管理した台の上に一つずつ菓子を置き、天井から釣り下がる鐘形のケースをかぶせることで、一つひとつの菓子がアートのように存在感を放ち、これまでになかったパティスリーの新しい空間をつくり出している。

2009年にパリ7区のバック通りに1号店をオープンし、その翌年には16区のロンシャン通りにサロン・ド・テを併設した2号店を出店。現在はパリに4店舗を展開している。2012年には日本に進出。9月に京都・高台寺に1号店、10月に大阪に2号店がオープンしている。パリの店を再現した"夢のパティスリー"という店名にぴったりの愛らしい店づくりや、伝統菓子をモダンに解釈した菓子は、日本でも注目を集めている。

サントノレは、伝統的な円形ではなく、長方形に。3〜4人用のサイズで提供。

個性的な釣り鐘形のガラスケースを使ったディスプレー。2009年に1号店がオープンしたときには大いに話題を呼んだ。

パリ・ブレスト
Paris-Brest

小さなシューを6個王冠状に並べて焼いた生地に、軽やかなプラリネクリームを挟んだオリジナル。各シューの真ん中にはペースト状のプラリネも仕込んでおり、濃厚なプラリネがとろりと流れ出すサプライズも隠されている (€5.70)。

タルト・オ・シトロン・ド・セゾン
Tarte au Citron de Saison

口の中でさっと溶けるやわらかいイタリアンメレンゲが、美しく波打つレモンのタルト。シュクレ生地はしっかりと焼き上げ、サクサクとした歯ごたえに (€5.00)。

エクレール・オ・ショコラ
Éclair au Chocolat

タルト・ドゥース・ア・ロランジュ
Tarte Douce à l'Orange

オレンジのクリームとコンフィを詰めたタルト。口に含んだとたんに、さわやかなオレンジの風味がはじける。表面に薄くグラサージュをぬって、つやのある表情に (€5.40)。

タルト・タタン
Tarte Tatin

「タルト・タタンの味は、リンゴのコンフィにかかっている」とコンティシーニさん。じっくりキャラメリゼしたリンゴは、表面に近いほど焼き色が濃く、その濃淡が美しい。薄切りのリンゴを重ねているので、舌ざわりも繊細だ (€5.40)。

エクレール・オ・カフェ
Éclair au Café

エクレアを薄いチョコレートで巻いて提供するプレゼンテーションは斬新。「ショコラ」(€5.70) は、チョコレート風味のクレーム・パティシエール入りのエクレアを、ビターチョコレートで巻いた。「カフェ」(€5.70) は、コーヒー風味のクレーム・パティシエール入りのエクレアを、ミルクチョコレートで巻く。

11

昔ながらのパティスリーが主役
セバスチャン・ゴダール
Sébastien Gaudard

- 住所／22 rue des Martyrs 75009 Paris（Map A 163頁）
- 電話／01 71 18 24 70
- メトロ／St-Georges、Notre-Dame de Lorette
- 営業時間／10:00〜20:00、土曜 9:00〜20:00、
  　　　　　日曜 9:00〜19:00
- 定休日／月曜
- http://www.sebastiengaudard.com/

パティスリーやカフェなどが建ち並ぶ、最近話題のマルティール通りに立地。緑の外壁や店名の書体がレトロな雰囲気を醸し出している。

ピエール・エルメ氏の後任として「フォション」のシェフを務め、百貨店「ル・ボン・マルシェ」内のサロン・ド・テ「デリカバー」を2009年まで経営していた、実力派若手パティシエの1人、セバスチャン・ゴダールさん。約3年の充電期間を経て、2011年12月、自身の名前をつけた店舗を開業した。アンティーク家具などを配して、どこか懐かしい雰囲気にまとめた店内に並べるのは、レシピも形状も伝統にのっとったフランス古典菓子。クラシックなフランス菓子の魅力を引き出し、現代によみがえらせている。

オーナーシェフのセバスチャン・ゴダールさんはロレーヌ地方の出身。1993年に「フォション」に入社し、3年後の26歳でシェフに就任。2003年から約6年間は、サロン・ド・テ「デリカバー」を経営。斬新なパティスリーを提供し、話題を集めた。

整然と並ぶプチガトー。コンポート皿を使って立体的に陳列。ショーケースの上にはタルトを、ガラス製のクロッシュをかぶせてディスプレー。

ショーケースをゆったり配置。白と淡い青色を基調にしたモダンかつクラシックな内装。

誰もが知っている伝統菓子を
時代が求める味や食感に再生

　レストランや有名店のシェフを務めた実力派パティシエのなかには、開業をせず、レシピ本の出版やコンサルタント業に専念する人もいる。彼らがつくるパティスリーをまたいつ口にできるのかと、待ちわびているファンも少なくない。そうしたパティシエの1人だったのが、セバスチャン・ゴダールさんだ。2003年に百貨店「ル・ボン・マルシェ」内にオープンした「デリカバー」を09年に閉店して以来の"カムバック"は、オープン前からメディアやブログで多くの情報が駆け巡ったほどの高い注目度だった。

　デリカバーでは、カラフルな内装と、"スナック・シック（しゃれたおやつ）"をテーマに、サレ（塩味）とシュクレ（甘み）を組み合わせた斬新なメニューで話題を集めた。しかし、「セバスチャン・ゴダール」の開業にあたっては、「おだやかで、ずっと前からここにあったかのように感じてもらえる店にしたかった」とゴダールさんは話す。

　建築家や友人と相談しながら考えたという内装は、モザイクの床にアンティークの鏡、淡い水色の木棚、ガラス製のクロッシュなどを使い、古きよき時代のパティスリーを思わせる雰囲気。一方で、白い天井や大きな窓で明るくシンプルな空間をつくり、ゴージャスでモダンな印象も与えている。

形や飾りも基本のスタイルを踏襲

　店内は、入口右手にプチガトー、中央にアントルメ・グラッセ（アイスクリームのデザート）、左にチョコレートとフルーツのコンフィ、レジ横にヴィエノワズリー、その横に自家製ジャムや厳選したワイン、アメなどを置いたエピスリーと、5つのコーナーに分かれている。

　プチガトーは、モダンでスタイリッシュな作品をつくるパティシエとして名を馳せてきたゴダールさんのイメージとは相反するような、クラシックな菓子が中心。形もシンプルだ。エクレアやルリジューズ、ミルフィーユ、ババ、ピュイ・ダムールなど約15品。ゴダールさんの故郷であるロレーヌ地方ポン・ア・ムッソンの伝統菓子、ムシポンタンもある。フルーツのタルトも、洋ナシやリンゴを薄くカットしてパイ生地にのせた素朴なものだ。

　近年パリでは、多彩なフレーバーや趣向を凝らした形状で再構築された伝統菓子が流行しているが、ゴダールさんが提供するのは「再構築ではなく、誰もが知っている味と形を"再生"した伝統菓子」だ。パリ・ブレストは車輪形、ルリジューズは白と黒の2色のフォンダンで飾るなど、基本のスタイルを貫いている。ただし、糖分や脂肪分は抑えるなど、レシピは現代人の嗜好に合わせており、サイズも小さめ。「パティスリー『セバスチャン・ゴダール』のテーマは、伝統を伝えること」とゴダールさん。斬新さの追求から一転、歴史と記憶にきざまれた伝統菓子の追求に力をそそいでいる。

子ども連れから年配のお客まで客層は幅広い。遠方から訪れるゴダールさんのファンも多い。

入口左手のショーケースには、ボンボン・ショコラやフルーツのコンフィを並べている。

ルリジューズ *Religieuse*

大小2つのシュー生地に、チョコレートのクリームとクレーム・パティシエールを詰めて重ねた。白い帽子をかぶった修道女をかたどった菓子のため、白と黒の2色のフォンダンをかけるのが伝統だそう（€4.20）。

パリ・ブレスト *Paris-Brest*

プラリネクリームをたっぷり挟んだシュー生地を、キャラメリゼしたアーモンドと粉糖で美しく飾った。パリーブレスト間の自転車レースから生まれた菓子のため、車輪をイメージした形状が特徴だ（€4.90）。

フォレ・ノワール *Forêt Noir*

ドイツ生まれだが、フランスでもおなじみの菓子。キルシュ風味のチョコレートのビスキュイとグリオットチェリー入りバニラクリームを重ね、チョコレートのコポーで飾りつけ。味も食感も軽やかに仕上げた（€4.90）。

オテロ *Othello*

くだいたチョコレートとバニラ風味のメレンゲをガナッシュに混ぜ込んで丸く成形し、カカオパウダーで仕上げた。シェイクスピアの悲劇「オセロ」の登場人物から名前をつけたそう（€4.50）。

ピュイ・ダムール *Puits d'Amour*

フランス語で"愛の井戸"の意味。井戸をかたどった円筒形のフイユタージュ生地には、クレーム・パティシエールがたっぷり。クレーム・パティシエールの上面をキャラメリゼし、パリッとした食感とほろ苦さをプラスしている（€4.90）。

ムシポンタン *Mussipontain*

ゴダールさんの故郷ロレーヌ地方の銘菓で、パティシエだった父親がつくっていた思い出の味。シュクセ生地とバニラクリームを組み合わせ、カリカリとしたアーモンドで飾ったこうばしい味わい（€4.90）。

料理界のトップシェフがプロデュース

ガトー・トゥーミュー
Gâteaux Thoumieux

- 住所／58 rue Saint Dominique 75007 Paris（Map A 162頁）
- 電話／01 45 51 12 12
- メトロ／La Tour Maubourg
- 営業時間／10:00～20:00、日曜 8:30～17:00
- 定休日／火曜
- http://www.gateauxthoumieux.com/

ミシュランガイドで2つ星を獲得する高名な料理人、ジャン＝フランソワ・ピエージュさんが、パティスリーをオープン。「ラ・トゥール・ダルジャン」のスーシェフパティシエだった人物をシェフに招き、自身のレストランの目の前にブティックを開いた。店名にあるように、テーマは"ガトー（お菓子）"。ムースを多用した現代的なパティスリーではなく、バターをたっぷり使った生地が主役の昔ながらのガトーにフォーカス。シューやエクレア、タルト、ヴィエノワズリー、マカロン、そしてガトー・ヴォヤージュといった、生地主体の商品が主力だ。

   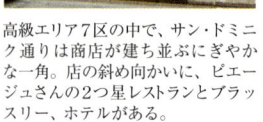 

左／ジャン＝フランソワ・ピエージュさん。「アラン・デュカス・オ・プラザ・アテネ」、「オテル・ド・クリヨン」のシェフを経て独立。2つ星レストラン、ブラッスリー、ホテルを手がける。右／「ガトー・トゥーミュー」シェフパティシエのリュドヴィック・ショサールさん。

高級エリア7区の中で、サン・ドミニク通りは商店が建ち並ぶにぎやかな一角。店の斜め向かいに、ピエージュさんの2つ星レストランとブラッスリー、ホテルがある。

パステルグリーンは、レストラン、ブラッスリー、ホテルに共通する、「トゥーミュー」のテーマカラー。白を多用して、やさしくふんわりしたトーンでまとめた。埋め込み式の棚で、店内をすっきりした印象に仕上げている。

メインショーケース。冷蔵スペースには、シューやタルトなど、要冷蔵のパティスリー。その横にマカロン。ケースサイドには、室温保存のタルトやガトー・ヴォヤージュを飾る。後ろの壁の棚には、キャラメルやヌガー、ヴィエノワズリーの一部が並ぶ。

上/棚に、かご入りで一列に並べてディスプレーする、ショソン・オ・ポム、クイニーアマンなどのヴィエノワズリー。
右/リング形のかわいらしいガトー・ヴォヤージュは主力商品の一つ。常時3〜4品を提案する。

メインショーケースに並ぶプチガトーは10品ほど。エクレア、シュー、ババといったクラシックで落ち着いた色合いの菓子が主体。春夏には、フルーツのタルトなど旬の商品も登場する予定。

17

星付きシェフが提案するのは
バターたっぷりのクラシックな菓子

ミシュラン2つ星の「ジャン＝フランソワ・ピエージュ」、人気ブラスリー「トゥーミュー」、そしてホテル「トゥーミュー」を手がけるジャン＝フランソワ・ピエージュさん。彼の夢は、パリに"オーベルジュ"をつくること。「2013年11月にオープンした『ガトー・トゥーミュー』をもって、ホテル、料理、スイーツがそろい、自分が描いていたオーベルジュが完成しました」とピエージュさん。

ガトー・トゥーミューのコンセプトは、"ガトー"。ムースが主体の現代風のパティスリーではなく、昔ながらの生地をたっぷり使った、いわゆる"お菓子"が主役だ。エクレア、ババ、フラン、タルト、マカロンなどクラシックな菓子を、上質な素材を使ってつくり、フレッシュな状態で店に並べている。現在プチガトーは10品ほどのラインアップだが、今後は種類を増やしていく予定だ。

ガトー・ヴォヤージュも個性的

とりわけ力を入れているのが、ガトー・ヴォヤージュだ。ピエージュさんが以前シェフを務めていた「オテル・ド・クリヨン」でのブランチにも、レモン味のガトー・ヴォヤージュを出して大人気だったが、自身の店でも、この商品にフォーカス。「ガトー・ヴォヤージュは、運びやすく日もちもする。とてもニーズが高いお菓子だと思います」。ケーキ生地にカシスのコンポートを加え、スミレの香

店内奥の、「トゥーミュー」のロゴをデザインした木製の棚には、パリの人気ブーランジュリー「ル・カルティエ・デュ・パン」のパンが並ぶ。パンは、ピエージュさんのレストランとホテルで提供している特注品だ。

りをつけたものなど個性的な味が多く、形も直方体ではなくリング形にして見た目の華やかさを加味するなど、ひと味違うガトー・ヴォヤージュを提案している。

「私たちパティシエは皆、バターが大好き。そのおいしさをたっぷり感じてもらえる商品にも力を入れています」と言うのは、ピエージュさんのコラボレーターで、この店のシェフパティシエを務めるリュドヴィック・ショサールさん。クイニーアマン、クグロフ、ショソン・オ・ポムといった、ヴィエノワズリーも充実。キャラメルやヌガーなどのコンフィズリーも並ぶ。また、「ティータイムのお菓子」をイメージした、フール・セックの詰合せや、ベルガモットの香りをつけたオリジナルブレンドティーも提案。店のロゴをあしらったパッケージもかわいらしく、プレゼントとしての需要も高いという。クラシック菓子の新たな魅力を楽しめる、注目の新店だ。

自然な色合いのマカロンは、バニラ、レモン＆バジル、チョコレート＆パッションフルーツ、プラリネ＆バナナ、塩バターキャラメル風味など。オリジナルボックスも用意している。

サブレ・ブルトン／レモンクリーム
Sablé Breton / Crème Légère Citron

タルト・オ・シトロンを、サブレ・ブルトンを使って表現。よりサクサク、ホロホロした生地の食感を追求した。ライムパウダーをふって香りを立たせ、レモンのクリーム、ジュレ、皮のコンフィをトッピング（€3.80）。

シュー・シュー プラリネ・ノワゼット
Chou-Chou Praliné Noisette

表面にシュトロゼルをまぶしてカリッと焼き上げたシュー。詰めたプラリネ・ムースリーヌの中に小さなシューが隠れている。商品名は"2つのシュー"から。また、"Chouchou"には"お気に入り"という意味もある（€4.00）。

タルト・ショコラ・アラグアニ
Tarte Chocolat Araguani

カカオを混ぜ込んだパート・サブレに、濃厚なガナッシュを流したタルト・ショコラ。薄いチョコレートとヌガティーヌをトッピングして、チョコレートの存在感ある味わいにアクセントを足した（€4.00）。

フラン
Flan Pâtissier

フイユタージュ生地に、バニラ風味のアパレイユを流して焼成。パティスリーよりブーランジュリーに似合う素朴な菓子の魅力を、上質な食材を使ってシンプルに表現（€3.00）。

オレンジ花水で香りをつけたクグロフ（€2.20）、プラリネクリームをしのばせたブリオッシュ（€1.90）、カヌレ（€1.90）など、生地の魅力を楽しむ焼き菓子やパン系菓子も充実。

人気料理人が展開するパティスリー
ラ・パティスリー・バイ・シリル・リニャック
ポール・ベール店
La Pâtisserie by Cyril Lignac Paul Bert

- 住所／24 rue Paul Bert 75011 Paris（Map E 166頁）
- 電話／01 43 72 74 88
- メトロ／Faidherbe Chaligny
- 営業時間／7:00〜20:00
- 定休日／月曜
- http://lapatisseriebycyrillignac.com/

ビストロが軒を連ねるポール・ベール通りの角地に立地。落ち着いた赤色の庇が目印だ。

オーナーのシリル・リニャックさんは、テレビの料理番組の司会を務めるなど、メディアをとおして知られる料理人。レストランやビストロに続き、2011年にパティスリー&ブーランジュリーをオープンした。シェフパティシエには「フォション」に10年間在籍し、スーシェフも務めたブノワ・クヴランさんを招聘。タルトやエクレア、ババなど伝統菓子に独自の世界観を加えた、クラシックとモダンが融合するパティスリーを提案する。このほかパンやヴィエノワズリー、焼き菓子なども充実。昼にはサンドイッチも提供している。

オーナーのシリル・リニャックさん（写真右）と、シェフパティシエのブノワ・クヴランさん（左）。パティスリーの商品は、クヴランさんがレシピを考案し、リニャックさんと話し合いながら試作をくり返し、商品化しているという。

上／色鮮やかなプチガトーがずらり。旬の素材を多用した、見た目も美しい生菓子をそろえる。左／ショーウィンドーに並べた、ダイナミックなアントルメ。通行人が足を止めて眺めることも。

上・右／季節のフルーツを使ったタルトやヴィエノワズリーも人気。マドレーヌなど個別包装の焼き菓子も用意している。すべての商品は店内の厨房で製造している。

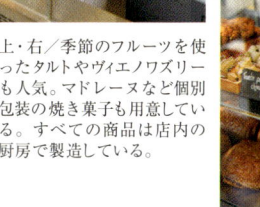

プチガトーが並ぶショーケースの奥の黒板には、ランチタイムに提供するサンドイッチの内容が書かれている。

住宅街でもあるため、お客は近隣住民が多く、家族連れの姿も目立つ。パンと一部の菓子は姉妹店のレストランやビストロに卸している。

洗練されたデザインと味わいの伝統菓子に注目!

パリにレストランやビストロを展開し、テレビや雑誌で大活躍中の料理人、シリル・リニャックさんが、2011年にパティスリー&ブーランジュリーをオープンした。場所は、人気レストランが軒を連ねる11区のポール・ベール通り沿い。向かいには、リニャックさんが手がけるビストロ「シャルドゥヌ」がある。リニャックさんは、3つ星レストラン「アルページュ」や「ル・ジャルダン・デ・サンス」のほか、パティスリー「ピエール・エルメ・パリ」でも修業した経験をもち、菓子づくりにも造詣が深いが、パティスリーの展開にあたっては、「フォション」に10年間勤めていたブノワ・クヴランさんをシェフパティシエとして招聘。共同で商品開発を行なっている。

伝統のなかに新しい発想がある

「私は料理でも何でも、伝統的なものに魅力を感じます。伝統こそがモードになりうる。つまり、新しいものを創造する力を秘めていると考えるからです。ですから、当店の多くのパティスリーも、伝統菓子を中心に展開しています」とリニャックさん。

約15品のプチガトーは、ラム酒たっぷりのババや、ザクッとした食感が特徴のタルト、ルリジューズやパリ・ブレストなど、生地のおいしさにこだわった伝統菓子が中心だ。しかし、クラシックな味わいを重視しながらも、砂糖やバターの量は控えめにして、素材の味がより際立つようにレシピを改良している。新感覚のデザインをとり入れ、オリジナリティーを打ち出しているのも特徴だ。焼き菓子やパン、ヴィエノワズリーも充実しており、ランチタイムにはサンドイッチ6品のほか、スープやサラダも提供している。

店舗規模は112㎡で、売り場はそのうち32㎡。白が基調のシンプルな店内には、ステンレスやアクリルを使ったシャープな印象のショーケースを置く一方で、木材や間接照明を使い、温かみも演出する。「『地元に愛される店』が私たちの目標。今はクラシックなお菓子を中心にそろえていますが、今後はお客さまの好みや要望をとり入れつつ、季節商品などでも個性を出していけたらと思っています」とクヴランさん。2013年秋には16区のシャイヨ通りに2号店をオープン。オペラやエクレアなどの伝統菓子を現代風にアレンジした新作も次々に発表している。

2013年にシャイヨ通りにオープンした2号店は、天井画が印象的。商品と同様、クラシックとモダンが融合した店づくりだ。

レモンタルト
Tarte Citron

ブルボンバニラ風味のフラン
Flan à la Vanille Bourbon

軽やかな風味のフラン。ブルボン種のバニラを24時間浸して風味を移した牛乳に、砂糖とカスタードパウダーを入れた香り高いアパレイユは、ぷるんとした口あたり（€3.00）。

ババ・シャンティイ
Baba Chantilly

ラム酒に、オレンジ果汁、オレンジとレモンの皮、バニラビーンズを加えたシロップをたっぷり生地に浸透させた。美しく絞ったバニラ風味のクレーム・シャンティイが、リッチな風味をプラスしている（€5.00）。

レモン果汁たっぷりのバタークリームを球状にして詰めた四角いタルト。隙間4ヵ所にレモン果汁を煮詰めてつくったジュレを絞ってさわやかさを強調した。メレンゲとチョコレートの細工が食感のアクセント（€5.00）。

フレジエ *Fraisier*

サクラティー風味のエクレア
Éclair au Thé Cerise

サクラ風味の緑茶を煮出して香りを移した牛乳を使い、グリオットチェリーのピュレを加えてつくったクレーム・パティシエールを絞り入れた。とろりと流れるようなクリームの口あたりが魅力的（€5.00）。

赤いフルーツと
ヴェルヴェーヌのシュー
Choux Fruits Rouges Verveine

バニラ風味とフランボワーズ風味の2色のクリームは、ホワイトチョコレートのガナッシュがベース。ヴェルヴェーヌ風味のイチゴのコンポート入り。ドライイチゴを混ぜたホワイトチョコレートの棒で3つのシューをつないでいる（€5.00）。

ホワイトチョコレートのガナッシュをベースにしたバニラ風味のクリームに、フレッシュのイチゴとイチゴのジュレをとじ込めた。土台は、ビスキュイ・ジョコンド。真っ赤なピストレと白い花の砂糖細工がひと際目をひく。取材時（2012年）は€5.00で販売。

パティスリーの新スタイルを提案

ユゴー＆ヴィクトール
リヴ・ゴーシュ店

Hugo & Victor Rive Gaushe

- 住所／40 boulevard Raspail 75007 Paris（Map B 164頁）
- 電話／01 44 39 97 73
- メトロ／Sèvres Babylone
- 営業時間／月〜水曜 10:00〜20:00、木・金曜 10:00〜21:00 土曜 9:00〜21:00、日曜 10:00〜19:00
- 定休日／無休
- http://www.hugovictor.com/

オーナーシェフのユーグ・プジェさん。「ラデュレ」やホテル「ル・ブリストル」などを経て、2002年に3つ星レストラン「ギー・サヴォワ」のエグゼクティブシェフパティシエに就任。2010年に独立開業。スタイリッシュなデザインの内装は、共同経営者のシルヴィ・ブランさんと考案した。

2010年、パティシエのユーグ・プジェさんが幼なじみのシルヴィ・ブランさんとオープンした「ユゴー＆ヴィクトール」。ブランさんはマーケティングを専門とし、百貨店「プランタン」の空間演出にも携わった人物だ。2人は新しいスタイルの店にするべく、スタイリッシュなインテリアやプレゼンテーションに挑む。たとえば、旬の素材を5つ厳選し、各素材をテーマに、創作菓子「ユゴー」と伝統菓子「ヴィクトール」の2つのカテゴリーで商品を開発。ワインとのマリアージュも提案する。

上／老舗百貨店「ル・ボン・マルシェ」のすぐそば、ラスパイユ大通りの角地に立地。真っ黒な外観がモダンな雰囲気を醸し出している。右／宝飾店のようなデザインの店内に、パティスリーのほか、チョコレート、ヴィエノワズリー、ワインなどが並ぶ。

アールが美しい陳列台にはチョコレートを並べる。半球形のボンボン・ショコラがとりわけ人気。手帳から着想したというボックスも好評だ。

ショーウィンドーのディスプレーも斬新。

素材への好奇心を、伝統菓子と創作菓子の2方向で表現

「今までになかった店づくりで、自分たちの世界を表現したい」。それが、オーナーのユーグ・プジェさんとシルヴィ・ブランさんの共通の思いだ。2人はともに南仏イエールの出身で、幼なじみ。プジェさんは、「ラデュレ」やホテル「ル・ブリストル」などで経験を積み、3つ星レストラン「ギー・サヴォア」ではエグゼクティブシェフパティシエに就任。一方ブランさんは、チョコレートメーカーのバリー・カレボー社を経て、百貨店「プランタン」でモード部門の空間演出などを手がけてきた。それぞれ異なるジャンルでキャリアを積んできたが、いつかは2人で店をもちたいと考えていたそう。そして2010年、「ユゴー&ヴィクトール」をオープンし、夢を実現させた。

一つの素材から、3つの菓子を考案

「パティスリーをとおしてさまざまな可能性に挑戦したい」とシェフのプジェさんは言う。ユゴー&ヴィクトールの最大の特徴は、一つの素材から複数の商品を展開して、お客に驚きと素材への好奇心を与えていることだ。テーマとなる素材は、定番のチョコレート、キャラメル、バニラに加え、旬の素材を5つセレクト。それぞれを、創作菓子「ユゴー」と伝統菓子「ヴィクトール」のプチガトー各1品、半球形のボンボン・ショコラ1品の計3品に展開。さらに、それらに合うワインやスピリッツを1銘柄提案している。この計4品を、書棚をイメージした棚にディスプレー。パティスリーは注文が入ってから店内のアトリエで組み立てて提供している。伝統菓子「ヴィクトール」では、ルリジューズやサントノレ、ミルフィーユなどを、組み合わせる素材に合わせてアレンジ。たとえば、「モモのヴィクトール」は、テーマのモモを、フレッシュ、ピュレ、ポワレとさまざまなかたちに加工して、サントノレに盛り込んでいる。「クラシックなフランス菓子は、それこそが永遠のテーマ。合わせる素材がイマジネーションをかき立ててくれます」とプジェさんは言う。

切り分けるのではなく、二等辺三角形の型に生地を敷いて焼いたタルトも同店の定番の一つ。注文を受けてから、生地にさまざまな季節のフルーツをのせて提供している。焼き上げたタルト生地は、大きなタルトを切り分けたような形をしているので、異なる味と色のタルトを組み合わせてホールにして提供することも可能。クラシックな菓子にモダンアートのような遊び心をプラスしている。

"チェリー"など一つの素材をテーマに、プチガトー2品とボンボン・ショコラ1品を開発。それに合うワインやスピリッツも提案している。

カラフルなマカロンも用意。バニラ、ピスタチオ、チョコレート、コーヒー、フランボワーズなど定番のフレーバーが人気だそう。

サクランボのユゴー
Cerise, Hugo

ダークチェリーのピュレをたっぷり加えたクリームとジュレを重ね、半分に切ったダークチェリーを並べて、その上にビスキュイ・キュイエールをのせた、シャルロットの進化形。ダークチェリーの甘みとジューシーな口あたりが印象的（€6.20）。

モモのヴィクトール
Pêche, Victor

ラングドック＝ルシヨン地方のモモがテーマ。キャラメリゼしたフイユタージュ生地に、モモのポワレをしのばせたモモ風味のクレーム・パティシエールを絞ったシュー、軽やかなクレーム・シャンティイ、フレッシュのモモをのせた（€5.40）。

ヴェルヴェーヌのヴィクトール
Verveine, Victor

シューは、生のヴェルヴェーヌを24時間浸してアンフュゼした牛乳でつくる、砂糖と卵黄控えめのクレーム・ディプロマット入り。ホワイトチョコレートのガナッシュやヴェルヴェーヌの葉、クリスタルシュガーで飾る（€5.40）。

クレープフルーツの花びら
Pétale de Pamplemousse

クレーム・ダマンドを敷いて焼いたサブレ生地に、グレープフルーツの果汁を加えたさわやかなクレーム・パティシエールを重ね、フレッシュのグレープフルーツをたっぷりのせた。注文を受けてから組み立てて提供している（€5.40）。

キャラメルのヴィクトール
Caramel, Victor

キャラメルがテーマのグルマンなミルフィーユ。キャラメリゼしたフイユタージュ生地、卵黄を極力減らしてつくったキャラメル風味のクレーム・パティシエール、フルール・ド・セル入りの塩キャラメルソースを重ねた（€5.40）。

宝飾店のような高級感を演出
カール・マルレッティ
Carl Marletti

- 住所／51 rue Censier 75005 Paris (Map B 165頁)
- 電話／01 43 31 68 12
- メトロ／Censier Daubenton
- 営業時間／10:00〜20:00、
　　　　　　日曜・祝日 10:00〜13:30
- 定休日／月曜
- http://www.carlmarletti.com/

にぎやかな商店街ムフタール通りの入口に2007年にオープンした「カール・マルレッティ」。厚い石壁や、ゆるやかな曲線を描く木目のショーケース、フローリストに依頼している華やかな花など、宝飾店を思わせる洗練された空間に、彩りよく仕上げられたパティスリーが並ぶ。オーナーシェフのカール・マルレッティさんは、高級ホテル「ル・グラン・インターコンチネンタル」の元シェフパティシエ。独立開業したこの店でめざすのは「伝統的な菓子を新たな視点で提案すること」。つねにつくりたてを食べてもらえるよう、つくり置きはせず、商品は朝夕二度に分けて製造している。

商店街の入口、教会の前に立地。シルバーグレーのモダンな店構えだ。ガラス張りなので、通りからも店内の様子がよく見える。

ショーケースの黒いプレートに並べられたパティスリーが、店内に浮かび上がる。色鮮やかで繊細なデコレーションがお客の目をひく。

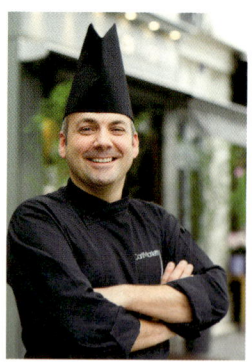

オーナーシェフのカール・マルレッティさん。「ルノートル」やトレトゥールで有名な「ポテル・エ・シャボ」などを経て、ホテル「ル・グラン・インターコンチネンタル」に約15年間勤務。2007年末に独立開業。

建築家であるマルレッティさんの父親とともにデザインしたという店内。店内を飾る花は、夫人が経営する花屋「リリー・ヴァレー」が活けている。曲線を描くショーケースの奥には、マルレッティさんをはじめ職人たちの働く姿が見える。

複数のフレーバーを用意する
色鮮やかな伝統菓子

　レストランやカフェが軒を連ねるムフタール通りそばに2007年末にオープンした「カール・マルレッティ」は、今ではパリの人気パティスリーの一つだ。オーナーシェフのカール・マルレッティさんは、「ルノートル」や「ポテル・エ・シャボ」などの名トレトゥールを経験後、1992年よりオペラ座そばにある高級ホテル「ル・グラン・インターコンチネンタル」のデザート部門に勤務。2001年にはシェフパティシエに抜擢されたという経歴のもち主だ。

　マルレッティさんがめざす店は、「気軽に入ることができる、宝石店のようなパティスリー」。間口が狭く奥に長いウナギの寝床のような店舗は、けっして広くはないが、もともとあった石壁に大理石の壁を合わせ、品のある空間をつくり上げた。こだわったのが、ショーケースだ。直線ばかりの空間では固い印象を与えてしまいかねないと、ゆるやかなカーブを描いたショーケースを特注。黒や褐色の木材を使用した重厚感のあるショーケースに、色鮮やかなパティスリーが映え、宝飾店のような高級感を醸し出している。また、奥にある厨房はオープンキッチンにして開放感を演出するなど、店づくりは細部にも余念がない。

モダンなスタイルの古典菓子

　パティスリーは、マルレッティさんのル・グラン・インターコンチネンタル時代からのスペシャリテであるミルフィーユを筆頭に、エクレア、タルトなど伝統的なフランス菓子が中心だ。しかし、伝統菓子といっても、たとえばミルフィーユはプラリネやチョコレートのクリームを使ったものも用意していたり、ルリジューズはピスタチオやバラの風味もラインアップしていたりと、種類は豊富で、見た目もモダンな印象だ。「伝統的な菓子を新たな視点で提案したい」とマルレッティさんは話す。

　15年間勤めたホテルで築いた業者との信頼関係を生かし、乳製品、チョコレート、ドライフルーツなど、選り抜きの素材を仕入れているのもマルレッティさんのこだわりだ。「クラシックでシンプルなパティスリーだからこそ、素材と技術の高さが要求されます」とマルレッティさん。「また、フレッシュさも重要」と、つくり置きはせず、朝と夕の二度に分けて製造して店頭に並べるなど、商品のクオリティーを最大限に追求している。

　「おいしいのは当り前。見た目も美しい菓子づくりを心がけています」とも語るマルレッティさん。ショーケースに並ぶパティスリーのシックなデザインにも注目だ。

クラシックな菓子も、さまざまな風味を用意して提案。ルリジューズは、カフェ、チョコレート、ピスタチオ、バラの4品を提供している。

リリー・ヴァレー
Lily Valley

スミレ風味のクリームをシュー生地に詰めたサントノレ（€5.10）。スミレ風味のクレーム・シャンティイをシューの上に絞り、下にはカリッとキャラメリゼしたフイユタージュ生地を敷く。商品名は、夫人が経営する花屋の名前からとった。

タルト・シトロン　*Tarte Citron*

カリッと焼いたサブレ生地に、絞りたてのレモンを使ったクリームを詰めたレモンタルト（€4.00）。2009年にフィガロ紙でパリでいちばんおいしいレモンタルトに選ばれた。

サンシエ　*Censier*

濃厚なチョコレートクリームの中にパチパチとはじけるアメをとじ込めて、遊び心をプラスした。プラリネとライスクリスピーを合わせたペーストを台にして、くだいたカカオ豆入りのチュイルを飾り、なめらかなチョコレートクリームとのコントラストも楽しませる（€4.80）。

エクレール・オ・キャラメル・オ・ブール・サレ
Éclair au Caramel au Beurre Salé

エクレアは、チョコレートとコーヒー風味に加えて、有塩バター入りキャラメル風味もラインアップ。濃厚なキャラメルに生クリームを加えたクリームを詰め、キャラメル風味のグラサージュをぬり、チョコレートを飾る（€3.90）。

ミルフィーユ・ヴァニーユ
Millefeuille Vanille

マルレッティさんのスペシャリテ。しっかりと焼き色がついて厚みがあるフイユタージュ生地は、クリームの水分がしみ込まないように両面をキャラメリゼしてある。クリームを丸く絞り出して表情豊かに仕上げているのも特徴だ（€4.60）。

古典菓子とコンフィズリーのおいしさを追求
ジャック・ジュナン
フォンダー・アン・ショコラ
Jacques Genin Fondeur en Chocolat

- 住所／133 rue de Turenne 75003 Paris（Map C 166頁）
- 電話／01 45 77 29 01
- メトロ／République、Filles du Calvaire
- 営業時間／11:00〜19:00、土曜 11:00〜20:00
- 定休日／月曜
- http://jacquesgenin.fr/

注目のブティックやカフェが増加中の北マレ地区に店舗を構える。真っ白な外壁が印象的。

2008年に北マレ地区にブティック＆サロン・ド・テをオープンしたジャック・ジュナンさん。チョコレートやキャラメル、パート・ド・フリュイなどのコンフィズリーを主力としているが、パティスリーも人気だ。"パティスリー・クラシック（古典菓子）"をテーマに、タルトやエクレアなど、フランスの定番菓子を日替わりで2〜3品提供している。「長い時間を経て、なお受け継がれる味わい。そんな王道の菓子を提案しています」とジュナンさん。シンプルな製法をとり、伝統を重んじる姿勢は、昨今流行している"クラシック・ルヴィジテ（古典の再解釈）"とは一線を画したアプローチだ。

1階の売り場は、約20席のサロン・ド・テも含めて約200㎡。螺旋階段を上った2階は約200㎡の厨房だ。

上／「ジャック・ジュナン」といえば、キャラメル。バニラ、ピスタチオ、アーモンド、パッションフルーツなどの風味がそろう。右／ボンボン・ショコラは常時約30品をラインアップ。下／フレッシュなフルーツの味をとじ込めたパート・ド・フリュイも人気商品。

オーナーシェフのジャック・ジュナンさん。「ラ・メゾン・デュ・ショコラ」のシェフパティシエを経て、高級ホテルを中心にしたキャラメルとチョコレートの卸業をスタート。2008年にブティック&サロン・ド・テをオープン。

ブティックは、パティスリー&チョコレート、パート・ド・フリュイ、キャラメル&ヌガーの3つのコーナーで構成。

奇をてらわず、手間をかけて
素朴な伝統菓子の魅力を表現

「ラ・メゾン・デュ・ショコラ」のシェフパティシエを経て、キャラメルとチョコレートの卸業を展開して人気を博していたジャック・ジュナンさんが、2008年12月にブティック&サロン・ド・テをオープン。サロン・ド・テではそれまで味わえなかったパティスリーも提供し、開業して間もなく人気店の仲間入りをはたした。

200㎡の広々とした店内は、シンプルでシックな雰囲気。売り場は、パティスリー&チョコレート、パート・ド・フリュイ、キャラメル&ヌガーの3つのエリアに分かれており、併設のサロン・ド・テは、午後は行列ができるほどの人気ぶりだ。螺旋階段を上ると、チョコレート専用の作業場を含めて200㎡の厨房が広がっており、約10人のスタッフが菓子づくりを行なっている。

パティスリーは、パリ・ブレスト、エクレア、フルーツのタルトなど、フランスの定番の菓子を日替わりで2～3品提供。ミルフィーユだけは毎日つくっている。今、流行の"古典の再解釈"でひねった表現をするのではなく、あくまでも伝統的な製法と形に準じている。そのうえで、全体的に砂糖の量を抑えたレシピを考案し、フルーツやチョコレートなどの素材の味を充分に引き出して、口の中で重さを感じさせない味わいを実現させている。

注文後に組み立てるミルフィーユが人気

「当店のパティスリーはクラシックなものばかり。見た目はシンプルですが、フレッシュで官能的なおいしさを秘めたものをそろえています。伝統菓子の本質的なおいしさを伝えたい」とジュナンさん。菓子の"フレッシュ感"を大切にしているため、2階にある厨房では、売れ行きを見ながらこまめに菓子を仕上げ、つねにできたての商品を提供している。なかでもミルフィーユは、ジュナンさんが言うフレッシュさがもっとも表現された商品だ。最大の魅力は、しっかり焼き込んでハラハラとした繊細な層をつくり、ザクッとした歯ざわりに仕上げたフイユタージュ生地。その食感を損なわないようにするため、ミルフィーユはショーケースに並べず、オーダーが入ってから生地をカットし、組み立てている。

サロン・ド・テでは、自慢のショコラ・ショーのほか、バラや柑橘などの香りがついたお茶など、菓子を引き立てるドリンク約10品を提供。優雅なティータイムを演出している。

2階の厨房では、約10人のスタッフが作業。売れ行きを見ながらこまめに菓子を仕上げ、できたてのフレッシュな商品を提供している。

タルト・オ・シトロン
Tarte au Citron

タルト・オ・ショコラ
Tarte au Chocolat

パリ・ブレスト
Paris-Brest

パティスリー類は日替わりで2〜3品提供（€8.00〜9.00、イートインのみ）。左から、「レモン」と名づけているが、じつはライムを使ったタルト。バニラをたっぷり加えたシュクレ生地に、卵とバター、ライムのアパレイユを流し込み、ライムの皮をちりばめた。「タルト・オ・ショコラ」には、苦みと酸味がきいたカリブ産カカオのクーベルチュールを使用。ヘーゼルナッツをちらしてしっかり焼き込んだ歯ごたえのよいシュー生地で、ヘーゼルナッツのプラリネを混ぜたクレーム・パティシエールを挟んだ「パリ・ブレスト」。

ショコラティエとしてのジュナンさんの実力が発揮された、独自ブレンドによる「ショコラ・ショー」（€7.00）。さわやかな酸味とこくがある。

ミルフィーユ "オーダー後に組立て"
Mille-Feuille "montés à la commande"

フレッシュさを大切にしているジュナンさんの思いが詰まった1品。しっかり焼き込んで、ザクザク、ハラハラとした食感に仕上げた生地に、バニラビーンズたっぷりのクレーム・パティシエールをサンド（€9.00、イートインのみ）。

斬新な素材の組合せで新しい味を創造
パン・ド・シュクル
Pain de Sucre

- 住所／14 rue Rambuteau 75003 Paris（Map C 166頁）
- 電話／01 45 74 68 92
- メトロ／Rambuteau
- 営業時間／10:00〜20:00
- 定休日／火・水曜
- http://www.patisseriepaindesucre.com/

ポンピドゥー・センター脇からマレ地区へとのびる商店街ランビュトー通りに立地。写真はパティスリーのみの店舗。左2軒先にある創業店では、パンとそうざいを販売している。

オーナーカップルの、ディディエ・マトレさん（左）とナタリー・ロベールさん（右）。2人とも3つ星レストラン「ピエール・ガニェール」でシェフパティシエを務め、2004年にパティスリーをオープン。現在は、菓子店とパン・そうざい店の2店舗を展開している。

　2004年のオープン時から創造性の高いパティスリーを発表し、注目されてきた「パン・ド・シュクル」。オーナーは、3つ星レストラン「ピエール・ガニェール」のシェフパティシエを長年務めた2人、ディディエ・マトレさんとナタリー・ロベールさん。12年には、シュクレ（甘味）部門 とサレ（塩味）部門に分け、パティスリーのみの新店舗を2軒先にオープン。斬新なフレーバーの組合せの生菓子や、厳選素材を使用したマカロンなど、商品開発にもますます磨きがかかる。イートインスペースもあるので、フレッシュなパティスリーをその場で食べることもできる。

人工大理石を使った高級感のあるカウンター。白を基調にした内装に、鮮やかな菓子が浮かび上がる。

パリで流行中の四角いタルトに最初に挑戦したのも、やはり同店。中央のリンゴとミカンを飾ったタルトは、ピスタチオ風味。

クリエイティブなパティスリーを発表し続け、注目を浴びる同店。華やかなデコレーションや、斬新な素材使いが、店の個性になっている。最近は、舟形のタルトにも挑戦中。生菓子をフィンガーフード風に提案している。

ケーク類も豊富。上質なフルーツコンフィをぜいたくにとじ込めた、ずっしりとした生地が好評だ。アフタヌーンティーに。

種類豊富なギモーヴ。ウィスキー＆チコリ、ローズ、赤いフルーツ＆ミント、ラム＆バナナなどユニークなフレーバーがそろう。

ハート形のやわらかな食感のケーキなど、焼き菓子も充実。素材にこだわったマカロンも人気が高い。

スペシャリテでもあるギモーヴのチョコレートがけ。道を歩きながらでも食べられるようにスティックを付けて提供。

業界の注目を集める、前衛的なパティスリー

2004年のオープン以来、斬新なパティスリーを次々に生み出して、パティスリー業界に多大な影響を与えてきた「パン・ド・シュクル」。たとえば、"クラシック・ルヴィジテ"。現代的な考え方とレシピでよみがえらせた伝統菓子のことをそう呼び、現在のフランスで流行の表現方法だが、同店の伝統菓子も個性的。ユニークなデザインと味の構成で、多くのパティシエに刺激を与えている。

その代表例が、エクレアだ。焼き上がったシュー生地にグラサージュをかけるのではなく、はじめからクランブルをのせて焼くというアイデアを考えついたのは、まさにこの店。カリッとした口あたりのシュー生地と中のクリームとのコントラストを楽しませ、クリームのフレッシュさを際立てることを考えた。

また、スペシャリテのババ（53頁参照）には、シロップを入れたスポイトをさしている。好みでシロップをかけて食べることができるという提案である。

「レストランのデザートを長年手がけてきたので、ブティックのパティスリーでも、フレッシュさと軽さを表現することを大きなテーマとしています」と言うディディエ・マトレさん。3つ星レストラン「ピエール・ガニェール」でデザート部門のシェフを9年間務めた経験があるからこその言葉である。

思いもよらない革新的な味の組合せ

ピエール・ガニェールでは、デザートにも使用素材に制限はなく、野菜やハーブなどを駆使したデザートも発表してきた。パン・ド・シュクルでも、そうしたリベラルな考えを踏襲し、個性的なレシピを編み出している。たとえば、マロンクリームに、フロマージュ・ブランとオレンジ花水の香りのクリームを合わせた「モンブランのように」。クリの甘みとさわやかなフロマージュ・ブラン、オレンジ花水のフローラルな香りの出合いが秀逸だ。

キューブ状に切りそろえた、さまざまなフレーバーと色合いがそろうギモーヴも、同店の象徴的な商品。ラム酒＆バナナ、ウィスキー＆チコリなど、思いもよらない革新的な味の組合せを楽しむことができる。味の創造に限界はないということを知る、驚きとおいしさにあふれる店である。

左／2004年にオープンした創業店。今はそうざいを中心とした品ぞろえに。右／美しい天井画を生かしたクラシックな店内。鴨肉とフォワグラ入りの塩味のタルトや、自家製フォカッチャのサンドイッチ、スープやパテ類など、パティスリーと同様、個性的な商品で人気を集めている。パンやヴィエノワズリーも豊富にそろえている。

ジュール
Jules

自家製パンデピスに、リンゴ、洋ナシ、グレープフルーツ、オレンジ、クランベリーなど季節のフルーツのコンフィチュールを合わせ、オレンジ花水風味のクリームをのせた（€5.40）。

モンブランのように
Comme un Mont-Blanc

クリ粉入りのサブレ生地に、甘み控えめのマロンクリームを重ねて、フロマージュ・ブランとオレンジ花水の風味のクリームでおおった。さわやかで、軽やかな味わい（€6.00）。

エヴァジョン *Evasion*

舟形のサブレ生地にアーモンドのビスキュイをのせ、オレンジ、グレープフルーツコンフィ入りのクリーム、さらにオレンジ、オレンジ花水の風味のムースを重ねた（€6.00）。

ギョクロ
Gyokuro

ピスタチオ風味のマドレーヌ生地、ヘーゼルナッツのプラリネ、ココナッツ風味のクリーム、抹茶のクリーム、玉露を煮出したクリームを層にした。レーズン入り（€6.00）。

女性パティシエが営む"菓子とパン"の店
デ・ガトー・エ・デュ・パン
パストゥール店

Des Gâteaux et du Pain Pasteur

- 住所／63 boulevard Pasteur 75015 Paris　(Map B 164頁)
- 電話／01 45 38 94 16
- メトロ／Pasteur
- 営業時間／8:00〜20:00、日曜 8:00〜18:00
- 定休日／火曜
- http://www.desgateauxetdupain.com/

世界的に知られるパティシエ、ピエール・エルメ氏の愛弟子だったクレール・ダモンさんが、パリ15区の閑静な住宅街に2006年にオープンしたパティスリー。フランス語で「美しくておいしい」という意味の"Beau et Bon"をコンセプトに、スタイリッシュな店舗で、洗練されたデザインと味わいの生菓子や焼き菓子、ヴィエノワズリーなどを提供する。素材へのこだわりも強く、現在は40を超える全国の小規模の生産者と取引し、旬の素材を仕入れている。2013年には、パリ7区のバック通りに2号店をオープンした。

シックな黒のショーケースに、浮かび上がるような美しい仕上がりのパティスリーの数々。誰もが知るクラシックなパティスリーも、仕上がりの美しさは出色。

売り場は80㎡。店内は黒を基調にした高級感あふれる雰囲気。手前が焼き菓子やパン、ヴィエノワズリーの売り場、奥が生菓子の売り場だ。

オーナーシェフのクレール・ダモンさん。料理人からパティシエに転身し、1996年より「ラデュレ」に入り、ピエール・エルメ氏に師事。「ル・ブリストル」や「プラザ・アテネ」など高級ホテルに勤めたのち、2006年末に独立開業。

モンパルナス駅至近の閑静な住宅街に立地。黒の庇がモダンかつシックな印象だ。

デザイン性の高いパティスリーは
時代に合わせた軽やかな味わい

　「ピエール・エルメ・パリ」のヴォジラール店（88頁）に近い、住宅街のパストゥール大通りに2006年にオープンした「デ・ガトー・エ・デュ・パン」。黒を基調としたモダンな店構えが特徴だ。面積は約250㎡、売り場だけで80㎡あるという大きな店舗は、道行く人の目をひいている。オーナーシェフのクレール・ダモンさんは、「ラデュレ」でピエール・エルメ氏に師事したのち、「プラザ・アテネ」など高級ホテルの仕事も経験。デ・ガトー・エ・デュ・パンでは、製造から経営までをみずから切り盛りしている。

　ダモンさんの菓子づくりのこだわりの一つは、「最高の素材を使用する」ことだ。素材の仕入れ先は40以上あり、つねに素材を吟味しながら商品開発を行なっている。もう一つは、時代に合った軽やかなパティスリーをつくること。バターや砂糖などの使用量を抑え、良質な素材の味を引き出すことで、現代のニーズにマッチする菓子をつくり出している。ショーケースに並ぶパティスリーは、ルリジューズやサントノレ、ババ、エクレアなどのクラシックな菓子が中心だが、いずれもダモンさんのセンスが反映された個性的なデザインと味わいに仕上げられている。

女性らしい心づかいのある店づくり

　店のデザインを手がけたのは、「ピエール・マルコリーニ」やピエール・エルメ・パリとのコラボレーションで知られる、デザイナーのヤン・ペノーズ氏。「お客と店のスタッフが同じ目線になる店を」というダモンさんの思いを生かした店づくりに挑んだ。通常パリでは、菓子は対面販売で、その奥の壁際、スタッフの背後にパンが並ぶスタイルだ。しかし、このような配置では、お客は菓子を選ぶのにもせかされる感じがあり、パンもよく見えず、選びづらい。もっとお客が自由に商品を選べるレイアウトにしたいとダモンさんは考えたそう。そこで、パンのショーケースはメインルームの中央に置き、お客がまわりを自由に歩いて、よく見て選べるようにした。また、生菓子のコーナーは独立させ、ラボへと通じる廊下に配置。「生菓子はセンシュアルで女性的なイメージ。特別なスペースで選ぶという楽しみを加えたかった」と言う。生菓子のコーナーの壁には、光沢のあるカーテンをかけ、高級感を演出している。

広々としたメインルームの中央に設えた大きなショーケースには、パンやヴィエノワズリー、焼き菓子などが並ぶ。

カジミール
Kashmir

良質なサフランがとれるカシミール地方産のサフランを使った香り高い1品。ビスキュイ・オ・ザマンドに、サフランが香るクレーム・ブリュレと、サフランを加えてコンポートにしたオレンジとナツメを重ね、バニラのムースでおおった。まわりはホワイトチョコレートをベースにした、サフラン風味のグラサージュ（小€6.50、大€28.00）。

タルト・オ・シトロン *Tarte au Citron*

フランボワーズとヴェルヴェーヌの風味を加えた、個性的なレモンタルト。タルト生地につぶしたフランボワーズを敷いて、バターをほとんど使用しない軽やかなレモンクリームを流した。ヴェルヴェーヌでさわやかな香りをつけたレモンコンフィを飾ってオリジナリティーあふれる1品に（€5.80）。

キャラメルのシュー
Le Chou Caramel

洋ナシのシュー
Le Chou à la Poire

立体的なアメの飾りが印象的なこぶし大のシュー。奥は、フルール・ド・セルで甘みを引き立てたキャラメルのクリームを詰めたもの。手前は、クレーム・パティシエールに洋ナシのコンポート入り（各€6.00）。

パリで活躍する日本人パティシエ
パティスリー・サダハル・アオキ・パリ セギュール店
Pâtisserie Sadaharu Aoki Paris Ségur

- 住所／25 rue Pérignon 75015 Paris（Map B 164頁）
- 電話／01 43 06 02 71
- メトロ／Ségur
- 営業時間／11:00～19:00
- 定休日／日曜・祝日
- http://www.sadaharuaoki.com/

和素材を融合させたフランス菓子の先駆者として知られる青木定治さん。1991年に渡仏し、「ジャン・ミエ」などで修業後、98年からケータリング業をスタート。2001年に、パリ6区に1号店を開業した。05年には東京・丸の内に日本1号店をオープンし、06年には台湾にも進出。現在、パリに4店、日本に5店、台湾に2店を構える。パティシエとしてだけでなく、ショコラティエとしての評価も高く、チョコレート愛好家団体C.C.C.の最高位"5タブレット"を獲得している。

ユネスコ本部も近い閑静な住宅街にあるセギュール店は、2010年にオープンしたパリ4店舗め。真っ黒な外観がモダンな印象だ。

カラフルな商品がひと際映える、白が基調の店づくり。苔に白いマカロンを貼り付けた個性的な壁飾りが印象的だ。

左／ミニサイズの正方形の板チョコは円形のパッケージに。産地別カカオのほか、ヘーゼルナッツ風味や抹茶風味のホワイトチョコレートなどをそろえる。右／3年をかけてレシピを完成させたというマカロンは、抹茶、黒ゴマ、バラ、スミレなどの風味を用意。

鮮やかな色合いのボンボン・ショコラ「ボンボンマキアージュ」。化粧パレットをイメージして開発。

プチガトーは常時15品前後をラインアップ。そのうち2〜3品が季節限定商品だ。スリムなフォルムは同店の菓子の象徴になっている。

店奥から売り場を見る。袋詰めにしたフィナンシェやクッキー、板チョコなどは、かごを置いてセルフサービスで販売している。

和素材をとり入れた
フランス菓子が好評

　青木定治さんがオーナーシェフを務める「パティスリー・サダハル・アオキ・パリ」は、今やパリを代表するパティスリーの一つとして知られている。2001年にパリにオープンした1号店で発表した、抹茶や黒ゴマを使ったマカロンやエクレアは、日本の素材をとり入れた個性的な味わいでパリジャンに驚きを与え、パティスリーのモダンなデザインも話題を集めた。

　03年にはパリ5区に、04年には「ギャラリー・ラファイエット」の食品館に、さらに東京や台湾にも次々と出店。店舗の増加にともない、07年にはパリ郊外に工房を新設。12年には増築して2000㎡を誇る工房が完成した。日本や台湾で販売するマカロンやチョコレートもここで製造して空輸している。

ショコラティエとしての評価も急上昇

　商品は、プチガトー約15品のほか、マカロン、ボンボン・ショコラ、サブレやフィナンシェなどの焼き菓子、ヴィエノワズリー、コンフィチュール、茶葉など幅広くそろえている。オペラの抹茶版「バンブー」や、抹茶や黒ゴマのエクレアは開業時からある人気アイテムだ。青木さんは、食のガイドブック「ピュドロ」では2011年の最優秀パティシエに、同じくレストランガイド「ゴー・エ・ミヨ」では12年のトップパティシエ10人に選ばれている。こうした高い評価は、フランスの伝統菓子に和素材を組み合わせた個性的な味に対するものだが、味の決め手はじつはベーシックな生地にあるそう。「生地の味や食感、口の中で混ざり合う素材の理想的な組合せにこだわっています」と青木さんは話す。

　また、チョコレートの見本市「サロン・デュ・ショコラ」での入賞やチョコレート愛好家団体C.C.C.の評価など、近年はショコラティエとしての注目度も高まっている。チョコレートはパリ郊外の工房新設と同時につくりはじめ、デビュー作は「ボンボンマキアージュ」。正方形や円形が一般的だったボンボン・ショコラを、スマートな長方形にして鮮やかな色を施し、ワサビや抹茶、ユズなどの和素材の風味もガナッシュで表現した。

　「理想を追求しつつ、あせらずに進んできました。与えられたチャンスには全力でぶつかっています」と青木さん。今では、日本やフランスのテレビ密着取材、講師やデモンストレーションなど八面六臂の活躍ぶりだ。最近は、フランス人パティシエたちもこぞって和素材を使うようになり、青木さんのもとには、和素材の紹介依頼が多く届くそうだ。

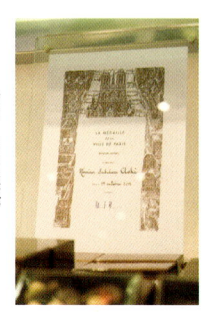

オーナーシェフの青木定治さん。東京のパティスリーに勤務したのち渡仏。1998年からケータリング事業をはじめ、2001年にパリで開業をはたす。

2011年にパリ市最優秀ショコラティエに選ばれたときの賞状。ほかにもコンクールで獲得した賞状などが飾られている。

抹茶アズキ
Mâcha Azuki

和素材を強調させた1品。ビスキュイ、サクサクした食感が楽しいフイヤンティーヌ入りのアズキのクリーム、抹茶のクリームを層に。抹茶の苦みとアズキの甘みが好相性。飾りは抹茶風味のマカロン（€5.30）。

タルト・キャラメル・サレ
Tarte Caramel Salé

ゲランドの有塩バターを使ったキャラメルのタルトは、パリの店で一番人気。しっかりした歯ごたえのサブレ生地と、ミルクチョコレートのクリームのやさしい甘みが、バターの塩けを際立たせる（€5.00）。

バンブー
Bamboo

抹茶クリームとチョコレートのガナッシュ、キルシュ入り抹茶シロップをしみ込ませたビスキュイ・ジョコンドを層にした、オペラの抹茶版。底にグラニュー糖をふったチョコレートを敷いて、パリパリした食感をプラス（€5.80）。

シトロン・プラリネ
Citron Praliné

色鮮やかなレモン風味のホワイトチョコレートクリームの中に、プラリネとフイヤンティーヌ、レモンのマカロン生地をしのばせた夏の商品。ヘーゼルナッツとチョコレートでスタイリッシュに飾る（€5.30）。

サロン・ド・テは10席。パティスリーやヴィエノワズリーを、コーヒーや日本茶とともに味わえる。

サンフォニー
Symphonie

スミレ風味のマカロンで、アールグレイ風味のクレーム・ブリュレとスミレ風味のムース、フランボワーズを挟んだ。ほのかに香るスミレとアールグレイが印象的。春夏の商品として販売している（€5.50）。

遊び心いっぱいのエクレア専門店
レクレール・ド・ジェニ マレ店
L'Éclair de Génie Marais

- 住所／14 rue Pavée 75004 Paris（Map C 166頁）
- 電話／01 42 77 85 11
- メトロ／St-Paul
- 営業時間／11:00〜19:00、土・日曜 10:00〜19:30
- 定休日／無休
- http://www.leclairdegenie.com/

「フォション」のシェフパティシエを約10年間務め、ファッショナブルなパティスリーを発表してきたクリストフ・アダムさん。独立後の2010年、高級ファストフード店「アダムズ」を弟のマティアスさんとともに開業。そして12年にオープンしたのが、エクレア専門店「レクレール・ド・ジェニ」だ。素材の質と鮮度にこだわったエクレアは、グラサージュにビビッドな色を使ったり、名画を転写したチョコレートプレートをのせたり、デザインも斬新。13年には16区のショッピングモール内に2号店を出店している。

パリでもっとも人気のある観光スポットの一つ、マレ地区のパヴェ通りに立地。シンプルな外観はカラフルなエクレアと対照的だ。

ショーケースにはカラフルなエクレアがずらり。左から、レモン＆ユズ、ミルクチョコレート＆スパークリングシュガー、パッションフルーツ。エクレアは長さ約10cmと小さめだ。

上／冷蔵ショーケースには、ケースに入ったトリュフを陳列。右／店の奥には、透明の引き出しにトリュフを整然と並べた木製の棚を配置。

購入したエクレアを食べることができるイートインスペースを用意。水玉の壁紙に合わせて配した丸い鏡とテーブルに、モダンな椅子を組み合わせた。

オーナーシェフのクリストフ・アダムさん。16歳で製菓の世界に入り、ロンドンの星付きレストラン、パリの「オテル・ド・クリヨン」などを経て、1996年に「フォション」に入社。2001年からシェフパティシエを務める。10年に独立し、弟のマティアスさんとともにファストフード店「アダムズ」を開業。

白と黄色を基調にしたポップな店内。エクレアの鮮やかな色合いも内装の一部に。

ユニークなデザインの
エクレアとトリュフ

　近年パリではシュー菓子の人気が高まり、専門店も登場している。とりわけ話題となったのが、2012年末にオープンしたエクレア専門店「レクレール・ド・ジェニ」だ。オーナーのクリストフ・アダムさんは、ピエール・エルメ氏、セバスチャン・ゴダール氏のあとを継いで「フォション」のシェフパティシエを務めた人物。現代を代表する若手パティシエの1人だ。

　アダムさんの名を世に知らしめるきっかけになったのが、02年にはじまり、今やフォションの象徴ともなっているエクレアのコレクション。フォンダンに青やオレンジなど鮮やかな色を用いたり、絵画「モナリザ」の写真をプリントしたチョコレートをエクレアにのせたりと、斬新で大胆なアイデアを発表した。

3つのコレクションでエクレアを提案

　レクレール・ド・ジェニでも"リュクス（高級な）エクレア"がコンセプトだ。黄色と白を基調にした店内に並ぶのは、はっとするような色使いのエクレア約10品。それを大きく3つのコレクションに分けている。

　1つめは、バニラやチョコレート、コーヒーなど、一つの素材を強調したクラシックな味わい。たとえば、人気の「ヴァニーユ・ノワ・ド・

ガラス越しに色とりどりのエクレアを眺める通行人も多い。客層は、食に関心の高いパリジャンのほか、観光客も。

上／専用の機材でエクレアの生地を絞る。均一の大きさで美しい形に仕上がる。左／焼成後、充填機を使ってクリームを詰める。飾りつけは手作業。

ペカン」は、マダガスカル産バニラが香るクリームの濃厚さを強調させるため、こうばしいピーカンナッツのキャラメリゼを組み合わせた。「ショコラ・グラン・クリュ」は、ペルーやタヒチなど原産国別のカカオでつくられたクーベルチュールを使用。月替わりで産地別の味わいを提案している。

　2つめは、レモン＆ユズ、ピスタチオ＆オレンジ、バニラ＆バラなど、繊細な風味の組合せを提案するコレクション。そして、アダムさんの独創性がもっとも発揮されているのが、3つめの「アート・コレクション」だ。名画を転写したチョコレートプレートをのせたエクレアは、パティスリー界に旋風を起こした。

　エクレア以外の商品はトリュフとタブレット、チョコレートなどのペースト「パータ・タルティネ」。トリュフは、コニャック風味のマロンクリームや、ピスタチオ＆オレンジのガナッシュ、ココナッツ＆ヘーゼルナッツ入りのプラリネなど、約10品をラインアップ。金粉やピスタチオパウダーなどをまぶして彩り豊かに仕上げている。「製法も見た目も、ショコラティエがつくるものとは違う、パティシエのトリュフです」とアダムさん。同店ならではの個性的なトリュフにも注目だ。

パッション・フランボワーズ
Passion Framboise

クリームとグラサージュにパッションフルーツを使ったさわやかな風味のエクレアに、フランボワーズを飾った。パッションフルーツの種と酸味のあるフランボワーズが味と食感のアクセントだ（€5.00）。

ルージュ・ベゼ
Rouge Baiser

バレンタインデーに合わせて発表したエクレアは、生地もグラサージュも真っ赤に着色。中はフランボワーズ風味のミルクチョコレートクリーム。甘さ控えめのやさしい味わい（€5.00）。

昔風プラリネ
Praliné à l'Ancienne

サブレ生地をのせたシューを4個つなげて分けやすい形に。プラリネクリームの下に、ヘーゼルナッツの歯ごたえを残したプラリネとローストしたヘーゼルナッツが隠れている（€5.50）。

トリュフ
Truffee

左から、プラリネ風味、ココナッツ風味、トンカ豆が香るコーヒー風味、マンダリンオレンジ風味のジャンドゥージャ。筒状のケースや紙箱など、パッケージも複数用意している（€9.50）。

エクレアが2〜10個入る専用ボックス。上面にはロゴをシンプルに配し、側面は内装と同じポップな水玉模様に。

フランス古典菓子

温故知新

パリでは、古典菓子を見直そうとする動きが、近年とても活発です。ミルフィーユ、サントノレ、オペラ、エクレア……。ショーウィンドーには、そんな昔ながらのお菓子が千変万化に花開いています。はじめは、見た目だけの表面的なアレンジが主流でしたが、近ごろはレシピを再構築したり、個人の解釈で革新的に生まれ変わらせたり、より発展的なムーブメントになっています。古きをたずねて新しきを知る、そんな才気煥発なパリのパティシエたちのアイデアを紹介します。

モンブラン
Mont-Blanc

メレンゲ、マロンクリーム、クレーム・シャンティイという、とてもシンプルな組合せのモンブラン。伝統的なお菓子というのは、シンプルな構成のために、単調な味わいになりやすい。そんな伝統的なお菓子のレシピを掘り下げて、それを立体的かつ複合的な味わいに再構築しているのが「ピエール・エルメ・パリ」です。同店のモンブランは、中にエグランティーヌ(野バラの実)のコンポートをしのばせており、酸味が全体を引き締めています。「ジャン=ポール・エヴァン」は、マロンとカシスの組合せを提案。マロンペーストに自家製カシスピュレを混ぜており、心地よい酸味が、クリの深みのある味わいにアクセントをつけています。斬新な挑戦をしているのが、「カール・マルレッティ」。マスカルポーネチーズと生クリームを合わせた軽やかなクリーム、しっとりとしたマロンムース、こうばしいヘーゼルナッツ入りのダックワーズがバランスよく組み合わさり、見た目や食感だけでなく、味わいもエレガントです。

ピエール・エルメ・パリ
Pierre Hermé Paris
(88頁参照)

「モンブラン・ア・マ・ファッソン(私流モンブラン)」という名のモンブランは、アルザス地方の伝統的な食材、エグランティーヌのコンポートを仕込んで立体的な味わいに。コンポートにはイチゴを少量加えて酸味もプラス。タルトにメレンゲを重ね、マロンクリームをたっぷり絞って、クレーム・シャンティイで飾る。

ジャン=ポール・エヴァン
Jean-Paul Hévin
(110頁参照)

容器にカリッとしたメレンゲを敷いて、クレーム・フエッテを重ね、自家製カシスピュレを少量加えたマロンペーストをヴェルミセル(細い麺状)にたっぷり絞った。カシスの酸味がクリの味わいを引き立てている。また、砂糖不使用のクレーム・フエッテが、軽やかな味わいを演出。「モン・ノワール(黒い山)」という商品名もユニーク。

カール・マルレッティ
Carl Marletti
(28頁参照)

従来のモンブランのイメージとは異なる、長方形のスタイリッシュな形が印象的。土台となるヘーゼルナッツ風味のダックワーズは、わざと表面を波状に焼成。上に重ねるマロンムースやクリームと同じように、雪山の"モンブラン(白い山)"を連想させる。クリームは、マスカルポーネチーズとクレーム・シャンティイを同割で混ぜたもの。

52

ババ
Baba

「ストレール」(58頁参照) が発祥といわれるババ。これまでのパティスリーでは、保存性を高めるために砂糖をしっかり入れたシロップに浸すのが一般的でしたが、最近ではその公式をくずした新たな切り口の魅力的なババが増えています。たとえば、「パン・ド・シュクル」のババ。シロップを入れたスポイトをさし、好みでシロップを加えられる工夫は、グルマンな人たちの心をがっちりつかみました。また、「デ・ガトー・エ・デュ・パン」のように、フルーツを加え、シロップからアルコールを省いた斬新なババも登場。お酒たっぷりのイメージも変わって、万人に親しみやすいお菓子になっていくかもしれません。

パン・ド・シュクル
Pain de Sucre
(36頁参照)

スポイトを突きさした見た目はインパクト大。軽くあっさりとした味わいの生地には、オレンジ、レモン、ライム、ベルガモットを合わせて少量の塩を加えた、南米のカクテルを連想させる酸味の引き立ったシロップがたっぷり。スポイトにもシロップを入れているので、好みの量を追加できる。生地の下にクレーム・ムースリーヌをしのばせている。

デ・ガトー・エ・デュ・パン
Des Gâteaux et du Pain
(40頁参照)

シロップは、アルコールを使わず、イチゴのフレッシュな果汁がベース。甘みを抑えたルバーブとイチゴのコンポートを敷いてから、シロップをたっぷり浸透させたババをのせ、イチゴのコンフィチュールで厚めにおおってフルーツ感を際立たせている。フルーツを丸かじりするような、フレッシュ感あふれるババ。

サントノレ
Saint-Honoré

サントノレは、キャラメルがけしたシューと、美しく絞ったクレーム・シャンティイがとても可憐な印象。それが、パティシエたちの創造力をかき立てるのでしょう、最近はより華やかで個性的なサントノレが競うように開発されています。「デ・ガトー・エ・デュ・パン」では、軽やかな味わいにしたいという考えから、土台にサクッとしたサブレ生地を選択。グリオットチェリーとピスタチオの組合せも斬新です。また、「ユゴー&ヴィクトール」のように、四角いデザインでスタイリッシュさを演出したサントノレを提供している店も続出。いずれも季節のフルーツが使われ、新鮮さと軽やかさ、愛らしさが表現されています。

デ・ガトー・エ・デュ・パン
Des Gâteaux et du Pain
(40頁参照)

味のテーマにグリオットチェリーを据え、チェリーの風味を引き立てる素材としてピスタチオを選択。シューに絞り入れるクレーム・パティシエールと、クレーム・シャンティイに、ピスタチオペーストを混ぜてこうばしさを出した。クレーム・シャンティイの下にはグリオットチェリーのコンポートをしのばせ、果実味あふれる味わいに仕上げた。

ユゴー&ヴィクトール
Hugo & Victor
(24頁参照)

旬の素材をテーマに独自の菓子を提案する「ユゴー&ヴィクトール」。ピンクの四角いサントノレには、フランボワーズがさまざまなかたちに加工され組み込まれている。シューに入れるクレーム・パティシエールは、牛乳の代わりにフランボワーズのピュレを使い、炊き上げてからフランボワーズジャムを混ぜて甘ずっぱさを強調。

タルト・オ・フリュイ
Tarte aux Fruits

　春〜初夏になると赤いフルーツがたっぷりのったタルトがショーウィンドーいっぱいに並び、一気に華やかでカラフルな印象になります。「ラ・パティスリー・デ・レーヴ」で見つけたのは、黒みの強いベリー類を使ったもの。カシスの果汁に24時間浸したカシスやブルーベリーをたっぷりのせたタルトです。「パン・ド・シュクル」のタルトは、まず正方形の形がユニーク。またクレーム・ダマンドにフランボワーズの果汁を混ぜているため、表面は真っ赤。赤いフルーツをトッピングして、果汁がほとばしるジューシーな1品に仕上げています。

ラ・パティスリー・デ・レーヴ
La Pâtisserie des Rêves
(8頁参照)

桑の実やブルーベリー、カシスなど黒みの強いベリー類を詰めた直径12cmのタルト。フルーツはカシスの果汁に漬け込んでいるので、驚くほどジューシーな味わいだ。サブレ生地の内側にルバーブのペーストとバニラ風味のクレーム・パティシエールを薄くぬり、フルーツの酸味を強調させている。仕上げにレグリス入りのシュガーパウダーをふる。

パン・ド・シュクル
Pain de Sucre
(36頁参照)

タルトのシリーズ「ピルエット(豹変)」は斬新だ。まずは形が一般的なタルトから"豹変"。円ではなく、1辺14.5cmの正方形。写真は「赤いフルーツのピルエット」で、サブレ生地に詰めるクレーム・ダマンドに、フランボワーズの果汁を混ぜて真っ赤な見た目と甘ずっぱい味わいに。カシスをちりばめて焼き上げ、フレッシュのフランボワーズとイチゴをトッピングした。

タルト・タタン
Tarte Tatin

　秋〜冬になると、パティスリーにはかならずリンゴのお菓子が並びます。リンゴを型にぎっしりと詰め、表面をキャラメリゼしたタルト・タタンは、ふつうのリンゴのタルトよりもずっと想像力をかき立たせるのか、モダンなタルト・タタンを多く見かけます。近年のタルト・タタンは、リンゴはリンゴ、生地は生地で焼き、最後に組み立てるのが特徴。そうすることで、生地は余分な水分を吸収せず、それぞれのフレッシュな食感を楽しめます。生地も、サブレからフイユタージュまでさまざま。「カレット」では、リンゴを横にスライスして重ねるのが特徴的。「アンジェリーナ」は、金の延べ棒をイメージした形状がユニークです。

カレット
Carette
(78頁参照)

リンゴを丸々1個分、芯をくりぬいて横に薄くスライスし、台形のシリコン型に入れて1時間30分焼成。くりぬいた芯の部分のくぼみにとじ込めた、とろりとした塩キャラメルがこのタルト・タタンのサプライズだ。塩キャラメルのほか、土台にはサブレ・ブルトンを使うなど、ブルターニュ出身のシェフのアイデアが生きている。

アンジェリーナ
Angelina
(74頁参照)

発想の原点は、おとぎ話に登場する「Pomme d'Or(黄金のリンゴ)」だったそう。シェフの遊び心から、Lingot d'Or(金の延べ棒)にかけて完成させたのが、「Lingot de Pomme(リンゴの延べ棒)」だ。シロップでじっくりリンゴを煮、ペクチンを引き出して固めることで、とろりとした口あたりに仕上げている。

パリ・ブレスト
Paris-Brest

　パリ・ブレストは、1891年に開催されたパリ-ブレスト間の自転車レースの際に生まれたお菓子。原型は車輪形で、かなりボリュームがあるものだったようです。最近のパリ・ブレストは、かなり上品に小さくなってはいますが、原型のイメージは残っています。「デ・ガトー・エ・デュ・パン」のパリ・ブレストは、車輪形ではありませんが、ぽってりとした丸い形で、原型のもつボリューム感を表現。「カレット」でも、形こそエクレアですが、シューに厚みをもたせて、ボリューム感を出しています。粗くきざんだヘーゼルナッツをシューにちりばめ、個性的なパリ・ブレストに仕上げています。

デ・ガトー・エ・デュ・パン
Des Gâteaux et du Pain
(40頁参照)

「たっぷりとしたボリューム感のあるお菓子」というシェフのパリ・ブレストのイメージから、こぶし大のぽってりとした丸いシューに。形もさることながら、プラリネクリームをたっぷりと詰めることができるからだ。サプライズはプラリネクリームの中から現われるプラリネ風味のジュレ。フレッシュ感のある味わいと苦みがクリームにキレを与える。

カレット
Carette
(78頁参照)

「カレット」のスペシャリテはエクレア。パリ・ブレストもエクレアと同じ形にすることで、同店のアイデンティティーを打ち出した。プラリネクリームにはオレンジの皮のコンフィを混ぜ、さわやかな柑橘の酸味をプラス。間に挟んだチョコレートには、アメがけのアーモンドとヘーゼルナッツをくだいて混ぜ合わせ、シャリッとした食感も加えている。

フォレ・ノワール
Forêt Noire

　カカオ風味のビスキュイでクレーム・オ・ブールもしくはクレーム・シャンティイとキルシュ漬けのチェリーを挟み、クリームでおおって、削ったチョコレートとチェリーで飾るフォレ・ノワールは、ドイツ生まれのお菓子ですが、フランスでも長年愛されています。とくに、ここ数年はパティシエの間で人気が高まっており、その火付け役といえそうなのが「ラ・パティスリー・デ・レーヴ」。大きなチェリー形のフォレ・ノワールは、その斬新な形で話題を呼びました。「ラ・パティスリー・バイ・シリル・リニャック」も、キューブ形でモダンさを追求。砂糖を控え、カカオの苦みと甘み、チェリーの酸味の組合せをじつに軽やかに表現しています。

ラ・パティスリー・デ・レーヴ
La Pâtisserie des Rêves
(8頁参照)

サクランボをかたどった奇想天外な形で、サイズもリンゴほどの大きさ。表面は、型で固めた薄いチョコレート。ナパージュをかけてつややかに仕上げ、本物のサクランボのような見た目を実現している。中央にはカカオ風味のジェノワーズとグリオットチェリーのコンポートをしのばせ、そのまわりをたっぷりのクレーム・シャンティイでおおった。

ラ・パティスリー・バイ・シリル・リニャック
La Pâtisserie by Cyril Lignac
(20頁参照)

1辺10cmのキューブ形のアントルメ。見た目は個性的だが、味はクラシックを意識したそう。ビスキュイ・オ・ショコラ、グリオットチェリー、クレーム・アングレーズをベースにしたクリームの層を4段重ね、まわりをチョコレートムースでおおっている。ムースは砂糖不使用、クリームはしっかり泡立てて軽い口あたりにし、キレのよい味わいを生み出している。

55

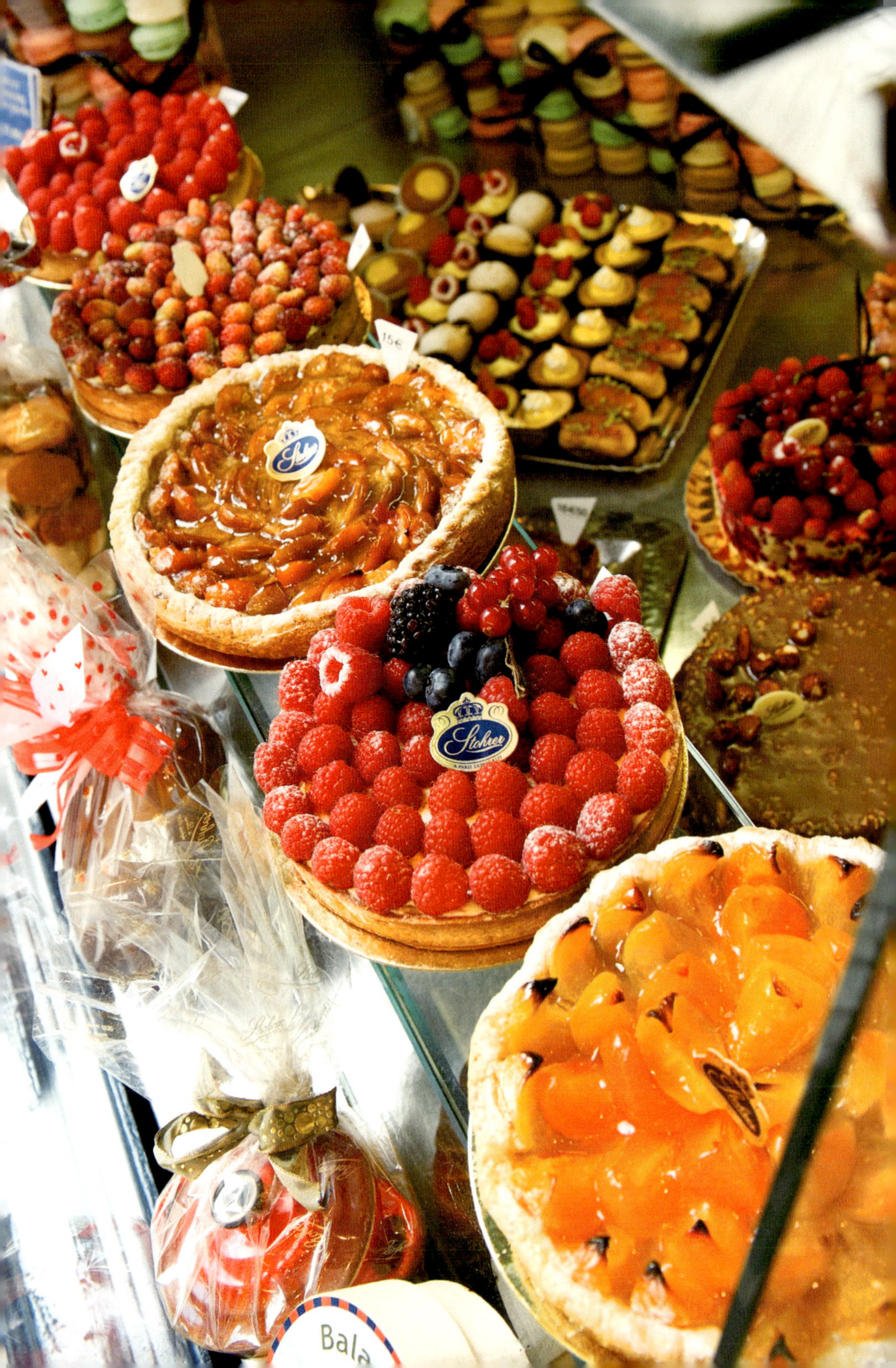
15€
Stohrer
Stohrer
Bala

パリの老舗パティスリー

パリのパティスリーの何がすごいかといえば、100年、200年と続く老舗が、今もなお人気店として営業を続けていること。何世代にもわたって伝統を受け継いできた老舗は、今ではフランスの食文化、歴史的財産として認知されています。ババやモンブラン、オペラといった"フランス菓子の定番"を生み出した店は、今や世界中からお客が押し寄せる観光名所。しかし、クラシックな菓子を提供し続ける反面、新作の開発にも余念がありません。伝統を守りながらも革新を続ける、老舗の底力に迫ります。

宮廷の菓子を今に伝える

ストレール
Stohrer

- 住所／51 rue Montorgueil 75002 Paris (Map A 163頁)
- 電話／01 42 33 38 20
- メトロ／Étienne Marcel、Les Halles、Sentier
- 営業時間／7：30～20：30
- 定休日／8月の最初の2週間
- http://www.stohrer.fr/

オーナーのピエール・リエナールさん。パティシエとして経験を積んだのち、1986年、フランソワ・デュトゥさんと「ストレール」を継承。先代から受け継いだレシピを守りつつ、一方でパリ市内のサロン・ド・テやパーティーへのケータリングをはじめるなどして事業を拡大、発展させている。

1730年に創業したパリでもっとも古いパティスリー「ストレール」。創業者のニコラ・ストレールは、フランス王ルイ15世に嫁いだポーランド王の娘、マリー・レクザンスカのお抱えパティシエとして渡仏。フランスの古典菓子のババの考案者として知られ、ババは今でも同店のスペシャリテの一つとして絶大な人気を誇っている。現在は、伝統菓子だけでなく、現代風の生菓子やコンフィズリー、パン、そうざいなど、幅広い商品をラインアップ。ケータリングも行なうなど、高級食材店の地位も確立している。

商店が並ぶ、にぎやかなモントルグイユ通りに立地。創業当時は、中央卸売市場が近く、貴族階級が買い物に訪れる通りだったそう。

1860年に完成した店内装飾は、オペラ座のフォワイエ（大広間）も手がけた画家ポール・ボドゥリによるもの。店舗は国の歴史的建造物に指定されている。壁には女神が描かれており、1人は同店のスペシャリテである「アリ・ババ」と「ピュイ・ダムール」を手にしている。

上／プチガトーは約25品をラインアップ。3種のババは、ショーケースの中央に陳列。下／店の歴史や菓子について豊富な知識をもつ販売スタッフ。

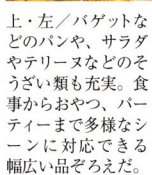

上・左／バゲットなどのパンや、サラダやテリーヌなどのそうざい類も充実。食事からおやつ、パーティーまで多様なシーンに対応できる幅広い品ぞろえだ。

ババ、ピュイ・ダムールなどの古典菓子に注目！

　パリには世界的にも有名なパティスリーが多数あるが、なかでも「ストレール」は、フランスの歴史にきざまれた貴重な店の一つだ。創業時から変わらない25㎡ほどの小さな店には、地元の常連客はもちろん、世界中から観光客がひっきりなしに訪れる。
　創業者のニコラ・ストレールは、ポーランド王のスタニスワフ・レシチニスキに仕えていたパティシエ。王の娘、マリー・レクザンスカとルイ15世の結婚にともない、1725年に渡仏。ヴェルサイユ宮殿で王妃のお抱えパティシエとして5年間仕えたあと、パリ中心部のモントルグイユ通りにパティスリーを創業した。

菓子の歴史的な物語も味わえる

　現在のストレールを率いるのは、1986年から経営者となったパティシエのピエール・リエナールさんと料理人のフランソワ・デュトゥさん。レシピは、ストレール直筆のものは残っていないそうだが、3世紀にわたって代々パティシエが引き継いできた。「大切にしているのは、伝統と品質。現代のお客さまの嗜好に合わせて甘さを控えることはありますが、新鮮な素材を使い、職人の手でつくるという当店の菓子づくりの伝統は守り続けています」とリエナールさんは言う。
　ストレールがフランス王や王妃に供していた菓子は、もちろん同店のスペシャリテとして残っている。その代表作が、ババだ。起源をたどると、スタニスワフ王が旅に持参したブリオッシュが乾いて固くなったため、ストレールが甘口のマラガ酒に浸して、レーズン入りのクレーム・パティシエールを詰めて提供したのがはじまりとか。王が愛読していた「千夜一夜物語」の主人公から「アリ・ババ」と名づけられた。その後、新大陸との貿易がはじまると、マラガ酒の代わりにラム酒が使われるようになり、さらに19世紀にはクレーム・シャンティイも添えられるようになったそう。同店では、「アリ・ババ」のラム酒版と、シンプルな仕立ての「ババ・オ・ロム」、クレーム・シャンティイを添えた「ババ・シャンティイ」の3品をそろえている。
　18世紀半ばに誕生したという「ピュイ・ダムール」も同店の人気商品だ。ヴェルサイユ宮殿ではフィユタージュ生地を器状に成形し、スグリのジュレを詰めて提供していたが、ストレール自身の店では、フィユタージュ生地の器にクレーム・パティシエールを詰め、表面に砂糖をかけて、焼きごてでキャラメリゼしたものを提案。現在もこの製法のピュイ・ダムールを販売している。

イタリア・ムラノガラス製の豪華なシャンデリアが下がる天井から、青いモザイクの床まで、内装は重厚かつ気品にあふれている。

歴史を感じさせる貴重な写真。左は1900年代、右は1950年代。店構えが現在とほとんど変わっていないことに驚かされる。

アリ・ババ
Ali-Baba

ババ・オ・ロム
Baba au Rhum

ババ・シャンティイ
Baba Chantilly

左/現在のババの原型といわれる看板商品（€4.40）。球状に焼いたブリオッシュの中をくりぬき、ラム酒をたっぷりしみ込ませたあと、ギリシャ・コリント産のレーズンを入れたクレーム・パティシエールを詰めた。中/ラム酒を加えたシロップにブリオッシュを浸したシンプルなババ（€4.20）。今やババの形状はさまざまだが、同店では19世紀にコルク形が登場したという。右/「ババ・オ・ロム」をクレーム・シャンティイとフランボワーズ、ブルーベリーで飾った（€4.40）。

ピュイ・ダムール
Puits d'Amour

フイユタージュ生地の器にクレーム・パティシエールを詰めて砂糖をふり、熱したこてをあててキャラメリゼ（€4.20）。商品名は"愛の井戸、愛の泉"という意味で、18世紀にはその名前に批判もあったが、ルイ15世の宮廷では喜ばれたとか。

カヌレやマドレーヌのほか、ポルトガル菓子のパステル・デ・ナタなど、焼き菓子も充実。

エクレア
Éclairs

上/フィガロ紙で"パリでもっともおいしいチョコレートエクレア"の3位に選ばれたチョコレート風味と、ほろ苦いコーヒー風味（各€4.00）。右/サブレ生地にさっぱりしたバニラ風味のクレーム・ムースリーヌを詰め、小粒の甘ずっぱいフレーズ・デ・ボワをのせた人気商品の一つ。取材時（2012年）は€7.00で販売。

タルト・オ・フレーズ・デ・ボワ
Tarte aux Fraises des Bois

ケータリングも行なう"美食の館"
ダロワイヨ サントノレ店
Dalloyau Saint Honoré

- 住所／101 rue du Faubourg Saint Honoré 75008 Paris（Map A 162頁）
- 電話／01 42 99 90 00
- メトロ／St-Philippe du Roule
- 営業時間／8:30〜21:00（サロン・ド・テ 8:30〜19:30、土・日曜 9:00〜19:00）
- 定休日／無休
- http://www.dalloyau.fr/

深紅を基調にした落ち着いた内装が、由緒ある老舗の風格を醸し出す。床にあしらった金箔が高級感を演出している。

「ダロワイヨ」は、フランス国王に仕えていたジャン＝バティスト・ダロワイヨが1802年に創業。食通が通う店として評判を高め、現在もパティスリーからチョコレート、アイスクリーム、パン、そうざい、パーティー企画＆ケータリングまでを手がけ、フランス・ガストロノミーの伝統を伝える高級店として知られている。また同店は、チョコレートとコーヒーを組み合わせたパティスリー「オペラ」を流行らせた店としても有名だ。現在、フランス国内外に約40店舗を展開。日本にも19店舗あり、1号店である自由が丘店は、2012年に30周年を迎えている。

高級ホテルやギャラリー、官公庁が集まるフォブール・サントノレ通りに立地。高級感のある白い外観に風格が表われている。

歩道に面するショーウィンドーにプチガトー(右)、店内のショーケースにアントルメ(下)をずらりと陳列。白地に赤い水玉模様のフレジエや、巨大なマカロンのケーキなど、ポップでかわいらしいデザインが好評だ。

上/目にも鮮やかなそうざいコーナー。左/パンは、ハード系の食事パン、ブリオッシュやショソンオポムなどのヴィエノワズリーを合わせ、約15品をラインアップ。

「オペラ」を生み出した老舗は新商品の開発にも意欲的

　"メゾン・ド・ラ・ガストロノミー（美食の館）"と称される「ダロワイヨ」の歴史は、フランスの料理やパティスリーの歴史といっても過言ではない。創業者のジャン＝バティスト・ダロワイヨの先祖をたどると、1682年にルイ14世のもとに招かれ、ベルサイユ宮殿の食膳係となったシャルル・ダロワイヨに行きつく。ダロワイヨ家はそれ以降4代にわたってフランス王や王妃のための料理人やパティシエとして仕え、当時の最高級の料理やパティスリーをつくって提供するとともに、最先端の調理法やテーブルアートの研究にも携わっていた。そしてフランス革命後の1802年、王宮での職を解かれたジャン＝バティスト・ダロワイヨが、フォブール・サントノレ通りに店をオープン。料理からパティスリーまで、ダロワイヨ家が王宮で培ってきたすべての分野の知識と技術を一つの店に集結させた。テイクアウトが可能なそうざい類を販売して、自宅でパーティーを開くようになった新興ブルジョワジーの間で評判になるなど、新しい時代の到来を見越したサービスを提供する画期的な店として知られるようになった。

年3回、コレクションを発表

　こうした革新的な"エスプリ"は、その後も引き継がれる。その代表作が、1955年に誕生した「オペラ」だ。当時のパティスリーはどれも素朴で大きかったことから、ひと口ですべてのパーツの味わいを感じられる新しい菓子をと、経営者だったシリアック・ガビヨンが考案。オペラのファンだったガビヨン夫人が、繊細で洗練されたこの菓子を見て言った「オペラのシーンのよう」というコメントが、名前の由来ともいわれている。

　現在、パティスリーは春夏と秋冬、クリスマスの年3回、コレクションを発表する。ショーケースには常時約25品が並び、そのうち新作は5品ほど。オペラのほか、1949年に登場した3種のチョコレートを使った「ダロワイヨ」、アーモンド風味のビスキュイにバニラクリームやフランボワーズなどを重ねた1981年発表の「デリス・デュ・シェフ」といった歴史ある商品も継承しているが、砂糖やバターの量を減らしてレシピを修正したり、デザインを見直したり、つねに時代に即した改良を行なっている。たとえばオペラは、これまで3回レシピを修正し、飾りの金箔のデザインも変化しているそうだ。

　同社の経営は、2010年にガビヨンの孫にあたるクリステル・ベルナルデ氏と兄のステファン・レイモン＝ベルナルデ氏が継承。2世紀を超えるダロワイヨの歴史は、若い世代に引き継がれ、さらに進化していく。

上左・右／多彩なフレーバーのボンボン・ショコラや、パリの建造物を模した板チョコなど、チョコレートも充実。下／マカロンは、シャンパンやベルガモットティーなど、季節商品を含めて約10品を用意。

ミルフィーユ・バニラ
Mille-feuille Vanilla

上／マダガスカル産ブルボンバニラを使ったクレーム・パティシエールをキャラメリゼしたフイユタージュ生地に挟み、粉糖でデコレーション（€6.00）。右／2012年の春夏コレクションから。フランボワーズ、ビルベリー、ブラックベリー、グロゼイユ、イチゴをぜいたくに盛りつけたフイユタージュ生地のタルト（€8.70）。

オペラ
Opéra

ビスキュイにしみ込ませるコーヒーには、イタリアからとり寄せた焙煎豆を使用。バターはノルマンディー産、チョコレートはベネズエラ産でカカオ分70％のもの。金箔はオペラの舞台にそそぐ光をイメージしている（€5.30）。

タルト・オ・
フリュイ・デ・ボワ
Tarte aux Fruits des Bois

ヴェール・フレーズ・
ド・シトロン
Verre Fraise de Citron

2012年の春夏コレクションから。左／ミルクチョコレートが主役のケーキ。マダガスカル産のミルクチョコレートのムース、ヘーゼルナッツ風味のビスキュイ、プラリネの組合せ（€7.80）。上／フレーズ・デ・ボワとレモンのクリーム、ビスキュイをカップの中で重ねている。ユズを隠し味に加えて、よりフレッシュな味わいに（€5.20）。

デリス・デュ・シェフ
Délice du Chef

1981年発表のフェミニンな菓子は、今や定番商品に。カップ形のピンクのビスキュイに、ブルボン種のバニラを使ったクリーム、フランボワーズのコンポートと、フレッシュのフランボワーズとイチゴを詰めた（€6.80）。

ボヌール・アン・ショコラ
Bonheur en Chocolat

150余年の歴史をもつ世界的ブランド

ラデュレ ロワイヤル店
Ladurée Royale

- 住所／16-18 rue Royale 75008 Paris（Map A 162頁）
- 電話／01 42 60 21 79
- メトロ／Concorde、Madeleine
- 営業時間／8:00〜19:30、金・土曜 8:00〜20:00、日曜・祝日 10:00〜19:00
- 定休日／無休
- http://www.laduree.fr/

緑の庇と外壁がトレードマーク。写真右奥の、1862年に創業した場所に建つ店舗には、サロン・ド・テを併設。手前の店舗は2011年にオープン。

マカロンで有名な「ラデュレ」の歴史は、1862年、ルイ＝エルネスト・ラデュレがロワイヤル通りに開いたブーランジュリーからはじまった。1871年にパティスリーに転換し、20世紀初め、当時珍しかったサロン・ド・テを開業。20世紀半ばには、マカロンにガナッシュを挟んだ"マカロン・パリジャン"を考案した。1993年、パリでブーランジュリーを展開するオルデー・グループが経営母体となってからは、店舗数が飛躍的に増え、文房具や化粧品なども発売。期間限定のマカロンのパッケージは世界中にコレクターがいるほどで、パティスリーの枠を超え、幅広いファンを獲得している。

カラフルなマカロンは約20品。チョコレートやバニラなどの定番に、ミントやマロンなど季節のフレーバーが加わる。

上／マカロン専用のボックスは、定番のグリーンのほか、アラベスク模様などさまざまなデザインを用意する。下／サロン・ド・テで提供している紅茶の茶葉も販売。缶もきれいなパステルカラー。

上／ポスターの大家として知られる画家ジュール・シュレが手がけた19世紀末の内装が残るサロン。落ち着いた雰囲気で、ビジネスの会食に使うお客も多い。下／2011年に拡張したパティスリースペース。クルミ入りクロワッサン、ピスタチオ入りパン・オ・ショコラなどヴィエノワズリーも充実している。

67

ブランドのエスプリを反映させた
華やかで美しいパティスリー

　2012年に創業150周年を迎えた「ラデュレ」は、パティスリー界にさまざまな革新をもたらしてきた。20世紀初めには、創業者ルイ＝エルネスト・ラデュレの妻、ジャンヌ＝スーシャル夫人のアイデアで、パティスリーとカフェを融合させたサロン・ド・テをオープン。20世紀半ばには、経営を継いだラデュレのいとこ、ピエール・デフォンテーヌが、素朴な焼き菓子だったマカロンを、2つ重ねてガナッシュを挟むことで洗練させたパティスリーに変身させ、ラデュレの名を広く世に知らしめた。今では"マカロン・パリジャン""マカロン・リス（すべすべした）"と呼ばれ、フランスを代表する菓子の一つになっている。

　世界的なパティスリーに飛躍したのは、1993年にブーランジュリー「ポール」などを展開するオルデー・グループが経営母体になってからだ。97年にシャンゼリゼ大通り、2002年にサン・ジェルマン・デ・プレ地区のボナパルト通りに出店し、08年には日本に進出。現在は、世界約25ヵ国に50店舗以上を擁する一大ブランドに成長している。

パステルカラーの伝統菓子

　ラデュレの魅力は、パティスリーやパッケージ、インテリアなどすべてに共通する、優雅で愛らしい雰囲気にあるだろう。随所に見られる淡いピンクや青、緑などの"ラデュレ・カラー"は、やわらかでかわいらしい印象を与える。そして、店舗の内装は、優雅で上品。たとえばロワイヤル店は、創業時の面影を残す木製の彫刻、天使や女神が描かれたフレスコ画などを飾った、豪奢な空間だ。

　パティスリーは、伝統的なフランス菓子に、現代的な風味やデザインをとり入れている点が特徴だ。プチガトーは約20品をそろえており、なかでも淡い色合いのフォンダンをかけたかわいらしい見た目のルリジューズとサントノレが人気だ。看板商品のマカロンは約20品。レシピは20世紀半ばから変わっておらず、完成後48時間やすませて生地とフィリングをなじませているという。季節や行事に合わせて新デザインを発表するマカロンの専用ボックスも好評で、2000年からはじめた有名デザイナーとのコラボレーションボックスは、発表のたびに注目の的となっている。

ショーケースの随所にある照明がパティスリーを華やかに演出。マカロンの箱は、豊富なデザインから好みのものを選べる。日本人スタッフも常駐している。

サントノレ・ローズ・フランボワーズ
St-Honoré Rose Framboise

バラの香りのクレーム・パティシエールとフランボワーズのコンフィチュールをシューに詰め、バラの風味のクレーム・シャンティイとフォンダン、フランボワーズなどで華やかに仕上げたサントノレ（€7.00）。女性を中心に根強い人気。

ル・プティ・ポ・ド・フレーズ
Le Petit Pot de Fraise

フレジエを詰めたチョコレートの小さなポットは、150周年記念のパティスリーとして2012年5月に発表。ふんわりとしたバニラのクリーム、フレッシュのイチゴのほか、くだいたマドレーヌなども入っている（€7.50）。

ルリジューズ・ピスターシュ
Religieuse Pistache

ピスタチオ風味のクリームを詰めたルリジューズ（€6.50）。淡い緑のフォンダンとバタークリームの絞りがラデュレ風。このほか、バラ＆フランボワーズ、グリオットチェリー＆アーモンド、チョコレートの風味も用意。

淡い色合いが美しいパティスリー用ボックス。

プレジール・シュクレ
Plaisir Sucré

モンブラン
Mont-Blanc

左／ヘーゼルナッツ入りのダックワーズ、プラリネ、ミルクチョコレートの薄いプレート、ミルクチョコレートのガナッシュ、クレーム・シャンティイを層に。チョコレートのなめらかな口溶けと、ナッツのザクッとした食感が融合（€6.10）。右／サクサクのメレンゲにマロンクリームとクレーム・シャンティイを重ねた、味も食感も軽やかなモンブラン（€6.20）。

店づくりもパティスリーも前衛的

フォション マドレーヌ店
Fauchon Madeleine

- 住所／24-26, 30 place de la Madeleine 75008 Paris（Map A 162頁）
- 電話／01 70 39 38 00
- メトロ／Madeleine
- 営業時間／パティスリー 9:00〜20:00
- 定休日／日曜
- http://www.fauchon.com/

　1886年の創業時からマドレーヌ広場のシンボル的存在であり続ける高級食材店。創業者のオーギュスト・フォションは、野菜と果物の販売からはじめ、91年にワイン、95年にパティスリーとパン、98年にサロン・ド・テと事業を拡大していった。1950年代からは食品輸入を手がける一方、日本をはじめ海外に出店。パティスリーでは、ピエール・エルメ氏など名だたるパティシエたちが歴代シェフを務め、つねに前衛的な作品を発表している。2004年には経営者の交代にともない、ブランドイメージを一新。店舗も全面改装を実施した。

24〜26番地の店舗には、パティスリー、ブーランジュリー、そうざい売り場がある。テラスと店内にはイートインスペースも用意している。

30番地は、チョコレートや箱詰めの菓子、茶葉やコーヒー、フォワグラ、スパイスなどが並ぶエピスリーの店舗。地下にはワインカーブとワインバー、2階にはカフェがある。

パティスリーの売り場からそうざい売り場を見る。真っ白な壁と黒い床に鮮やかなピンクが映える。

歩道側のショーウィンドーには、期間限定の商品やアントルメをディスプレー。

ゴールドの壁に設けた棚には、バゲットやパン・ド・カンパーニュ、ヴィエノワズリーなど約30品のパンを陳列。ジッパー付きの袋に入ったサンドイッチやサラダなども用意する。

パリ郊外の工房でつくられるパティスリー。定番のタルトやエクレアのほか、季節限定の新作も豊富にそろえる。

上／マカロンは、パティスリーとエピスリーの両方の売り場で販売。下／マカロンやエッフェル塔などが描かれた、ポップなデザインのマカロン専用ボックス。

上／エピスリーの店内に入るとすぐ左にチョコレート売り場がある。パティスリーと同じく、化粧品売り場のような華やかさ。右／ボンボン・ショコラは、バニラやコーヒー風味など、約20品をラインアップ。

71

経営者交代でコンセプトを一新。華やかで官能的な要素をプラス

黒地に白い文字が入ったロゴでおなじみの「フォション」は、今や世界的に知られるブランドだ。120年以上にわたってフランスの高級食品を世界に発信。パティスリーやパン、チョコレート、ワイン、茶葉、ハムやフォワグラ、スパイスなどの高級食材全般を扱っている。1952年からはエールフランス航空との契約によって、世界の食品をフランスに輸入。60年にはフルーツのフレーバードティーを開発、その10年後には花びらを使ったフレーバードティーを発売して世界中で人気を博すなど、高級食品業界の先駆者としての役割をはたしてきた。日本には72年に出店している。

フランスを代表するパティシエを多く輩出

フォションに大きな変革がもたらされたのは、2004年。スパイスのメーカー、デュクロ社の創業者の子孫であるミシェル・デュクロ氏が社長に就任し、"より官能的、よりグラマー"を新たなコンセプトとして掲げ、ブランドイメージを一新したのだ。マドレーヌ広場に建つ2店舗は、伝統的な白と黒に、ビビッドなピンクやゴールドをとり入れて、モードやコスメのブティックを思わせるモダンな内装にリニューアル。"メード・イン・F（フォション、フランス）"をキーワードに、改めてフランス製の商品に注力する一方、パティスリーは幾何学的なデザインと鮮やかな色に彩られた独創的な作品を発表。ブーランジュリーも、ゴールドに包まれた華やかな内装にリニューアルして、高級感を打ち出した。

パティスリーについては、1986年から10年間在職したピエール・エルメ氏をはじめ、セバスチャン・ゴダール氏、クリストフ・アダム氏など、フランスを代表するパティシエたちが歴代シェフを務め、つねに話題を集めている。

2011年にシェフに就任したファビアン・ルイヤールさんは、3つ星レストラン「ルカ・カルトン」のシェフパティシエを経て、パティスリーのコンサルティング会社を設立した経歴のもち主。高級店のクリエーションやブランディングにも長けた人物だ。12年5月には、「フォション・レ・バン（海岸）」と題したルイヤールさん初のコレクションを発表。エクレアやフレジエといった伝統菓子を中心に、イチゴやアプリコットなど旬のフルーツを使って、フレッシュさや軽さを表現する一方、赤と白、オレンジと白などのストライプのグラサージュでインパクトの強いデザインに仕上げ、フォションらしい前衛的でラグジュアリーな商品を提案した。

© Fauchon /photography: Luc Boegly

カフェは、シルバーを基調にした内装。朝食からランチ、サンドイッチなどの軽食、アルコールまで提供する。

シェフパティシエのファビアン・ルイヤールさん。3つ星レストラン「ルカ・カルトン」のシェフパティシエを務めたのち、コンサルティング会社を設立。2011年6月より「フォション」のシェフに。

エクレール・パリ・
ブレスト
Éclair Paris-Brest
伝統菓子のパリ・ブレストを、エクレア形に。アーモンドとヘーゼルナッツのプラリネやヘーゼルナッツをちらして焼いたシュー生地に、プラリネクリームをたっぷり絞った（€7.00）。

ル・ビアリッツ　　　　　ドーヴィル　　　　　アルカション
Le Biarritz　　　　　*Deauville*　　　　　*Arcachon*

「フォション・レ・バン（海岸）」と題した2012年の夏のコレクションから。左／マダガスカル産バニラとホワイトチョコレートを加えたクレーム・シャンティイに、マラ・デ・ボワを配したフレジエ。まわりは米粉のビスキュイとパート・ダマンド（€7.00）。中／マラ・デ・ボワのピュレを混ぜたクリームを詰め、赤と白のパート・ダマンドで飾ったエクレア（€7.00）。右／サブレ生地に、カシスのピュレを加えたバニラ風味のパンナコッタを詰め、イチゴを並べて、カシスをトッピング。イチゴが主役の"キャレ（正方形）"のタルト（€7.50）。

エピスリーは、商品ごとにパートナー企業を厳選。缶、紙箱、瓶などパッケージデザインも多彩だ。写真左は、「ビスキュイ・フランボワーズ」（€7.80）。右は、イチゴのコンフィチュール（€8.00）。

73

モンブランを目当てに観光客が訪れる

アンジェリーナ リヴォリ店
Angelina Rivoli

- 住所／226 rue de Rivoli 75001 Paris（Map A 162頁）
- 電話／01 42 60 82 00
- メトロ／Tuileries
- 営業時間／7:30～19:00、土・日・祝日 8:30～19:00
- 定休日／無休
- http://www.angelina-paris.fr/

モンブランで知られる「アンジェリーナ」は、1903年にオーストリア出身の砂糖菓子職人アントワーヌ・ランペルマイエが創業したサロン・ド・テ。店名は義理の娘の名前に由来する。開業時から著名人が通う社交の場として人気を博し、近年では世界中から観光客が訪れる店になった。2005年から複数の飲食店を展開するベルトラン社が経営母体となり、昔ながらの定番商品のほか、モダンな菓子もラインアップに加え、パティスリーを拡充。新たなファンをつくり出している。現在、フランス国内に10店舗を展開するほか、日本や中国にも出店している。

左／高級ホテルやブティックが建ち並ぶリヴォリ通りに立地。金色があしらわれた外観は、高級感あふれる雰囲気だ。下／通りからガラス越しに店内の様子がうかがえる。

パティスリーの売り場は2010年にリニューアル。ショーケースの後ろの棚には、箱や瓶などに詰めた商品をずらりと並べている。真っ白な壁や棚がカラフルな商品を引き立て、鏡が空間を広く見せている。

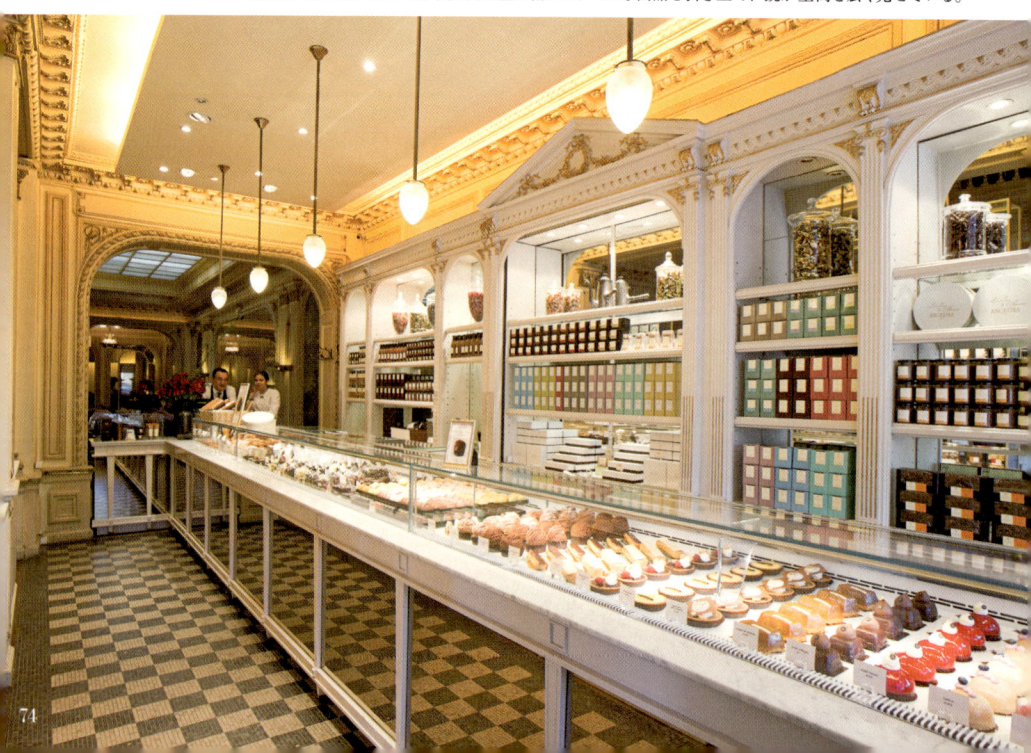

右／モンブランはアンジェリーナの看板商品。1日約600個を販売している。下／プチガトーは約20品を提供。サントノレやミルフィーユなどの定番のほか、現代人の嗜好をとり入れた個性的な商品もラインアップ。

入口を入ると、吹き抜けの空間に。右手がパティスリー、左手がエピスリーのコーナー。2階にも客席がある。

サロン・ド・テは約250席。壁や柱の装飾、絵画や鏡などが、20世紀初頭の優雅な雰囲気を醸し出している。11時30分までは、人気のショコラ・ショーや小ぶりのヴィエノワズリーが選べる朝食メニューを提供。

2005年の大改革で
現代的なパティスリーも登場

　パリの観光スポットの一つであり、モンブランが代名詞ともいえる「アンジェリーナ」。モンブランの発祥には諸説あるが、創業者であるアントワーヌ・ランペルマイエが考案したという説から、同店のモンブランは世界的に知られる存在になった。

　1903年の創業時から話題を集め、当時の顧客には小説家のマルセル・プルーストやファッションデザイナーのココ・シャネルといった著名人が名を連ねている。優雅な内装は、パリの有名なキャバレー「ムーラン・ルージュ」も手がけた、19世紀末〜20世紀初頭のベルエポックを代表する建築家エドゥアール＝ジャン・ニルマンによるもの。装飾が施された柱や壁、絵画など、随所から当時の様子をうかがい知ることができる。

モンブランは1日約600個を販売

　古きよき時代を感じさせるアンジェリーナが、大きな転機を迎えたのは2005年。パリ市内で複数の店を展開する外食企業、ベルトラン社が経営母体となり、現代的な店舗改革に着手したのだ。著名なパティシエをシェフパティシエとして招聘し、伝統を守りながらパティスリーの品ぞろえを充実。店内も改装し、パティスリーの売り場を拡張した。

　プチガトーは、サントノレ、ミルフィーユなどフランス菓子の定番をそろえる一方、トレンドを反映させたオリジナル商品も提案している。一番人気はやはり看板商品のモンブランで、1日に約600個を販売。モンブランは、伝統のレシピを変えることなく、より現代的な機器を導入し、作業工程を見直してリニューアル。マロンクリームとクレーム・シャンティイのテクスチャーを向上させたという。

　モンブランと並ぶもう一つの看板商品が、サロン・ド・テで提供するショコラ・ショーだ。アフリカ原産カカオによるビターチョコレートを使ったショコラ・ショーは、濃厚な味わいが特徴で、クレーム・シャンティイを添えて提供している。09年11月から、卸業者と提携してコンフィチュールやボンボン・ショコラ、茶葉など、箱や瓶に詰めた商品の製造販売をスタートしており、ショコラ・ショーも、温めるだけで飲めるボトル入りや、牛乳を加えてつくる粉末の缶入りタイプをそろえている。

パティスリーの奥に、サロン・ド・テが見える。エレガントなロココ調のインテリアも、アンジェリーナの見どころの一つだ。

サントノレ
Saint-Honoré

クレーム・ド・マロン
Crème de Marrons

左/伝統的な製法でつくる定番商品（€6.80）。クレーム・シャンティイの口溶けにこだわっているそう。右/クリの産地アルデッシュ地方にあるアンベール社のマロンクリームも販売。グルコース不使用で、クリと砂糖、バニラのみで製造。クリ本来の風味がストレートに表現されている（350g・€9.90）。

ショック・モンブラン
Choc Mont-Blanc

フォレ・ルージュ
Forêt Rouge

高級食料品の卸業者と提携して製造販売するパッケージ入りの商品は、手土産にも最適。「ショコラ・ショー」は、リキッド（写真左、€10.00）と粉末（中、€16.50）を用意。「パータ・タルティネ・ジャンドゥージャ」（右、€11.00）は、イタリア・ピエモンテ産のヘーゼルナッツを使用。

モンブランとショコラ・ショーの融合がテーマ。コートジボワール産、ガーナ産、ルワンダ産のカカオでつくるクーベルチュールをマロンクリームに混ぜた。カカオの苦みが甘さをやわらげる（€6.60）。

フォレ・ノワールを鮮やかな赤にしてアレンジ。パン・ド・ジェーヌにキルシュ風味のムースとチーズクリームをのせ、グリオットチェリーのナパージュで表面をおおった（€6.60）。

2008年の改装でパティスリーがさらに進化

カレット トロカデロ店
Carette Trocadéro

- 住所／4 place du Trocadéro 75016 Paris（Map D 167頁）
- 電話／01 47 27 98 85
- メトロ／Trocadéro
- 営業時間／7:00～0:00
- 定休日／無休
- http://www.carette-paris.com/

エッフェル塔を一望できるシャイヨー宮の目の前にあるトロカデロ広場に立地。テラス席は季節を問わず、終日お客でにぎわう。

　カフェが軒を連ねるトロカデロ広場に1927年に創業した、老舗のパティスリー＆サロン・ド・テ。観光客が多い界隈にありながら、優雅な雰囲気と上質なパティスリーで地元住民からも絶大な支持を得ている店だ。2008年に大々的な改装を行ない、パティスリーもさらに充実させた。2000年からシェフパティシエを務めているフレデリック・テシエさんは、素材の組合せを徹底的に計算して、シンプルな形のなかに繊細な風味をとじ込めたパティスリーをつくり出している。2010年4月には、マレ地区に2号店をオープンし、話題を集めた。

上／パティスリーはいずれも小ぶりで上品なデザイン。下／リンゴやイチジクなど旬のフルーツをフイユタージュ生地にのせて焼き上げた素朴なタルトや、フランも提供している。

照明や床のタイルは創業時のまま。2008年の改装でより開放的な雰囲気に。

シェフパティシエのフレデリック・テシエさん。ミシュランの星付きレストラン「ジュール・ヴェルヌ」や「タイユヴァン」のパティスリー部門でスーシェフを務め、2000年から現職。

アールデコ風の広々とした店内には80席を配置。クラシックな雰囲気の石柱や壁一面の鏡、落ち着いた茶色の椅子などが、優雅な雰囲気をただよわせる。ランチタイムにはサラダや一品料理なども提供している。

優雅で上品な雰囲気の
クラシック菓子が充実

「カレット」は1927年、パリ西部の16区に、ジャン・カレット氏とマドレーヌ夫人が創業。アールデコ風のインテリアで統一された優雅な雰囲気のサロン・ド・テは瞬く間に話題となり、創業時から感度の高いエレガントなお客たちが集まる場所だった。

2000年には経営者が変わり、しばらくは創業時のまま営業していたが、08年に大々的にリニューアル。照明や床のモザイクタイル、鏡など創業時の調度品を残しながら、より開放的で明るい内装となった。

店のあるトロカデロ広場は、エッフェル塔に近接するシャイヨー宮の目の前にあるため、年間をとおしてつねに観光客でにぎわう場所。軒を連ねる広場沿いのカフェのなかでも、同店は高級住宅街として知られる地元16区のお客が多いのが特徴だ。

伝統菓子をアレンジしたオリジナルも

08年の改装時には、それまで目立たなかったパティスリーのスペースを拡充。入口を入ってすぐ左に大きなショーケースを設置し、約15品のプチガトーのほか、マカロン、ボンボン・ショコラ、ヴィエノワズリー、サンドイッチなどをずらりと並べている。

プチガトーは、クラシックな菓子を好むお客が多いことから、サントノレやモンブラン、オペラ、ミルフィーユなど、伝統菓子が中心だ。

店の奥に飾られている創業者マドレーヌ・カレット夫人の肖像画。ティーカップを片手に店を見守っている。

バラやカシス＆スミレ、コーヒー風味など、色鮮やかなマカロンは約10品をそろえる。

なかでもチョコレート風味のエクレアは、フィガロ紙でナンバーワンに選ばれたこともある人気商品だ。その一方、パリ・ブレストをエクレア形にアレンジした「パリ・カレット」(55頁参照)、ココナッツとマンゴーにキャラメルを組み合わせたタルト「ココ・マンゴ」などのオリジナル商品の評価も高い。

同店のパティスリーは、すっきりとしたフォルムのなかに、考え抜かれた繊細な味の組合せと多彩な食感が隠れている。たとえば、「タルト・オ・フィグ」のクリームはオレンジの花水で風味をつけたり、パリ・カレットのクリームにはオレンジの皮のコンフィを混ぜ込んだりして、味わいに奥行を出している。また、バターや砂糖の量を抑えて軽やかな味わいに仕上げるなど、現代的な感性をさりげなく融合させているのも特徴だ。

タルト・オ・フランボワーズ
Tarte aux Framboises
サブレ・ブルトンにバニラ風味のクレーム・パティシエール、フランボワーズジャム、フレッシュのフランボワーズを重ねた。粉糖をかけてアーモンド風味のクランブルの板をのせ、チェリーとラベンダーを飾る（€6.50）。

デリス・フランボワーズ
Délice Framboise
バニラ風味のマカロンに、フレッシュのフランボワーズとクレーム・ブリュレを挟み、フランボワーズとピスタチオ、バニラビーンズのさやをのせた。マカロンを粉糖で縁どって、かわいらしい印象に（€6.00）。

サントノレ
Saint-Honoré
シューに詰めるクレーム・ディプロマットは、クレーム・パティシエールの配分を多くして、濃厚に仕上げた。クレーム・シャンティイには、バニラ風味のクレーム・フエッテを加えて甘さ抑えめに（€5.50）。

モンブラン
Mont-Blanc
くだいたマロン・グラッセとメレンゲ入りのクリのムースをヘーゼルナッツ風味のサブレにのせ、マロンクリームとマロン・グラッセで上品にデコレーション（€5.50）。

マカロンの箱（右）も紙袋（上）も、店のテーマカラーである濃いピンク色で統一。

81

ルノートル氏の"遺産"を受け継ぐ
ルノートル ヴィクトール・ユゴー店
Lenôtre Victor Hugo

- 住所／48 avenue Victor Hugo 75116 Paris（Map D 167頁）
- 電話／01 45 02 21 21
- メトロ／Victor Hugo
- 営業時間／9:30〜21:00、金・土・日曜　9:00〜21:00
- 定休日／無休
- http://www.lenotre.com/

　フランスを代表するパティシエの1人、ガストン・ルノートル氏が、1957年、パリ16区に創業。64年にはケータリングもスタートし、現在はフランス国内で16店舗を構えるほか、ドイツやクウェートなど9ヵ国でも展開。71年に開校した製菓学校は、プロの養成と研修の場として高い評価を得ている。ルノートル氏のレシピを守ってつくられる伝統菓子のほか、社内のクリエイティブチームによって生み出される現代風のパティスリーも評判だ。

パリ16区の高級住宅街にあるヴィクトール・ユゴー大通りに立地する店舗。毎日通う常連客も多いそう。紫の庇は全店共通だ。

入口近くの受付と会計のコーナー。木目の調度品や絨毯が、ホテルのようなラグジュアリーな空間を演出している。

プチガトーは、常時約20品をラインアップ。ショーケース内に高低差をつけて陳列している。

チョコレートのコーナー。ボンボン・ショコラやタブレットなど品ぞろえは豊富。着色料を避けるため、転写シートは使わない。冬はマロン・グラッセも販売。

店内は、茶色を基調にした落ち着いた雰囲気。間接照明が上品な印象を与える。

83

ルノートル氏のレシピを守りつつ
流行をとり入れた新作も発表

　ガストン・ルノートル氏は、伝統を守りつつ革新的なアイデアを次々と発表し、現代のフランス菓子の礎を築いたともいわれるパティシエ。2009年に惜しまれながら逝去したが、1957年に創業した「ルノートル」のパティシエの話からは、今もルノートル氏の教えや逸話がしばしばとび出し、その存在感の大きさに驚かされる。2004年からクリエーションディレクターを務めるギー・クレンゼールさんは「引き継がれてきたフランス古典菓子の味と技術、そしてルノートル氏が残してくれた"エリタージュ(héritage、遺産)"を大切にしたい」と話す。

　現在、ルノートルはフランス国内外で店舗を展開し、約500人の従業員を抱える一大企業だ。しかし、パティスリーの組立てと仕上げは各店舗に併設された工房で行ない、ヴィクトール・ユゴー店をはじめ数店舗ではパティシエによるデモンストレーションを行なうなど、職人による手仕事を重視している。

デザイナーとのコラボケーキも提供

　プチガトーは、約30品あるレパートリーのなかから常時20品を店頭に並べる。サヴァランやサントノレといった伝統的な菓子に加え、オレンジ花水に浸したクグロフや、1968年の冬のオリンピックを記念して生まれた、フロマージュ・ブランと季節のフルーツのデザート「シュス」など定番のオリジナル商品、常時約5品を用意する新作もラインアップ。このほか、マカロン、ヴィエノワズリー、アントルメ・グラッセなどもそろえている。ルノートル氏が開発した商品はすべて、今もレシピを変えていないそうだ。

　伝統を守る一方、斬新な商品開発にも定評がある。代表的な試みは、92年にはじめた、クリエーターと共同開発するブッシュ・ド・ノエル。今でこそ珍しくないが、食とデザインの世界を融合させた先駆けといえるだろう。これまで、フィリップ・スタルク氏、カール・ラガーフェルド氏、高田賢三氏などのデザイナーとコラボレーションし、ユニークな作品を発表してきた。オリジナルの新作については、社内のクリエイティブチームがテーマを決め、クリエーションディレクターのクレンゼールさんが味やデザインを具体化していく。現代の流行をとり入れた独創性と、堅固な職人気質をバランスよく両立させていることが、50年以上にわたって高い支持を得ているルノートルの強さの理由といえそうだ。

上／そうざいコーナーも広々としている。下左／テリーヌやフォワグラなどの食材や、肉料理や魚料理など、そうざいは約100品を提供。下右／エピスリーのコーナーには、マスタードやドライフルーツ、ペースト類、コンフィチュール、茶葉などが並ぶ。

中央がクリエーションディレクターのギー・クレンゼールさん。左はシェフパティシエのシャルロット・カイヨ＝トゥボさん、右は同じくシェフパティシエのエディ・デュモンさん。

濃厚なバニラと
ミルティーユのヴェニュス
Vénus Vanille Intense et Myrtille

ブルーベリー風味のビスキュイとブルーベリーのコンポート、バニラたっぷりのクレーム・ムースリーヌの組合せ。生のブルーベリーとブルーベリージャム、粉糖で飾った。ブルーベリーの甘ずっぱさが魅力（€6.60）。

レモンとメレンゲのタルト
Tarte au Citron Meringuée

パート・シュクレに、ユズを隠し味に使ったレモンクリームをのせた軽い食感のタルト。ふわふわのメレンゲで飾ったあと、軽くオーブンで焼いている（€5.50）。

©Caroline Faccioli

ミルフィーユ
Millefeuille

フイユ・ドトンヌ
Feuille d'Automne

名前の"秋の葉"のように繊細なデコレーションが美しい。アーモンド風味のシュクセ生地とメレンゲに、濃厚なビターチョコレートのムースを組み合わせた。ルノートル氏が1968年に創作（€5.90）。

©Caroline Faccioli

きれいな層に焼き上げたサクッと軽い食感のフイユタージュ生地に、クレーム・パティシエールを挟んだ。ナッツのようなこうばしい味わいの生地と、濃厚で少し甘めのクリームが口の中でバランスよく混ざり合う（€5.90）。

©Caroline Faccioli

冬のフルーツ入りシュス
Schuss aux Fruits d'Hiver

1968年のグルノーブル・オリンピックを記念してルノートル氏が発表。フランボワーズ風味のビスキュイにフロマージュ・ブランと生クリームを重ねた、雪のようにふわふわのケーキ。夏にはフルーツが変わる。レシピは当時から変わっていないそう（€6.20）。

イメージカラーの紫のエプロンとコック帽を着けた、マスコットのクマのぬいぐるみ。販売もしている。

85

5000アイテム以上の道具が並ぶ専門店
モラ Mora

　1814年創業の、銅金物店からスタートした「モラ」。パリで働くプロの料理人やパティシエも通う人気店だ。とり扱っているアイテムは5000点以上あり、パティスリーやチョコレート、パン、アイスクリーム用の型から口金、ぬき型、泡立て器、天板、刷毛、フライパンや鍋、包丁などの調理道具、温度計、レシピ本、コックコートまで、「マトファー」をはじめとするさまざまなメーカーの商品を扱っている。着色料や香料、デコレーション用製品の品ぞろえも豊富で、液体や粉の色素（デコレリーフ社）、エアブラシ用色素や液体香料、メタリックに色づけしたカカオ豆（マラール・フェリエール社）、パールシュガー（ウィルトン社）など、日本では販売していない製品もあるのでチェックしたい。プライスカードや黒板、リボン、陳列用の台など、店づくりに活用できるアイテムもそろっている。

多彩なサイズや材質の型がそろっているので、用途や好みによって選べる。タルトやムース用のセルクルは、エッフェル塔形やマトファー社が開発したエグゾグラス（耐熱プラスチック）製も。刷毛も、取っ手が木やプラスチックのものなどさまざま。

- 住所／13 rue Montmartre 75001 Paris（Map A 163頁）　電話／01 45 08 19 24
- メトロ／Étienne Marcel、Les Halles
- 営業時間／9:00～18:15、土曜　10:00～13:00　13:45～18:30
- 定休日／日曜　http://www.mora.fr/

パリの製菓道具店

製菓用の道具や材料を扱う専門店は、かつて中央卸売市場があったレ・アル周辺に集中しています。19世紀初頭に問屋として創業した老舗も多く、ところ狭しと商品が並ぶ店内にはその面影が残っています。日本で手に入らない道具もあるので、時間をかけてまわりましょう。

モダンなデザインの業務用食器も販売
ア・シモン A.Simon

　「モラ」と同じモンマルトル通りに立地。2つの店舗に分かれていて、48番地の店には白い陶器、木やガラスの器、カトラリー、コショウや塩のミル、ディスプレー用の容器、パティスリーや焼き菓子の型、皮むきや芯ぬきなどの小さなナイフ類、フランス・ラギオール産のナイフなどが並ぶ。食器はレストランでも使われている業務用なので、耐久性が高く、モダンなデザインも多い。ふだん使いもできそうなアイテムばかりで、プロでなくても入りやすい雰囲気だ。コック服を着たマネキンが立っている52番地の店では、泡立て器やシリコン製の耐熱シート、エスプーマ・ディスペンサーといった製菓用器具のほか、ル・クルーゼ社の鍋、ドイツの老舗レズレー社のキッチンツール、ナイフや包丁などを販売。日本製の包丁も、プロ、アマチュアを問わず人気がある。

上の写真は、赤い外壁の52番地の店内。大小さまざまなステンレス製鍋や日本製の包丁などがずらりと並んでいる。48番地の店には、食器のほか、フランスのデグロン社のフルーツの芯ぬきやジャガイモの芽とり（写真下左）、アイスクリーム用の型（下右）などを販売。

- 住所／48-52 rue Montmartre 75002 Paris（Map A 163頁）　電話／01 42 33 71 65
- メトロ／Étienne Marcel、Les Halles、Sentier
- 営業時間／月曜　9:00～12:30　13:30～19:00、火～金曜　9:00～19:00、土曜　10:00～19:00
- 定休日／日曜

実力派シェフの店

世界的に有名なシェフの店、M.O.F.（フランス最優秀職人）の店など、綺羅星のごとく輝くフランスのトップシェフの店を紹介します。実力派パティシエが展開するパティスリーは、それぞれに個性的。パリ中心部で多店舗展開する店もあれば、住宅街で地域密着型の営業を貫く店もあります。日常に根ざしつつも、新しい発想や技術をとり入れ、日々ブラッシュアップされているパティスリーをチェックしましょう。

パティスリーの可能性を切り拓く

ピエール・エルメ・パリ
ヴォジラール店

Pierre Hermé Paris Vaugirard

- 住所／185 rue de Vaugirard 75015 Paris（Map B 164頁）
- 電話／01 47 83 89 97
- メトロ／Pasteur
- 営業時間／10:00～19:00、金・土曜 10:00～20:00、日曜 9:00～17:00
- 定休日／無休
- http://www.pierreherme.com/

パリ2号店として2004年にオープンしたヴォジラール店は、15区の住宅街に立地。日本人の販売スタッフも常駐している。

「パティスリー界のピカソ」「パティスリーの建築家」などの異名をもち、21世紀を代表するパティシエとして知られるピエール・エルメさん。24歳という若さで「フォション」のシェフパティシエに抜擢され、「ラデュレ」ではシェフパティシエ兼副社長を務めたあと、1998年、東京に1号店を開業。パリには2001年に初出店し、04年に2号店をオープンした。その後、フランス国内と日本のほか、ロンドンやドバイ、香港などにも出店し、マカロンとチョコレートの専門店も含め、現在は6ヵ国に約30店舗を展開している。

©Pierre Hermé Paris

オーナーシェフのピエール・エルメさんは、アルザスの出身。14歳から「ルノートル」で修業し、24歳で「フォション」のシェフパティシエに就任。「ラデュレ」のシェフパティシエとして活躍したのち、1998年に自身のブランド「ピエール・エルメ・パリ」を東京にオープン。2001年にパリに出店。創造性あふれる作品を次々に発表し、業界に影響を与え続けている。

ショーケースの約3分の1のスペースにマカロンを並べる。カラフルでデザイン性の高いマカロン専用ボックスも人気の理由の一つ。

入口を入ると鮮やかなオレンジ色のショーケースが目にとび込んでくる。プチガトーは常時約20品をラインアップ。

バラとライチの組合せ「イスパハン」のクロワッサンバージョンや、ジャンドゥージャ入りのパン・オ・ショコラなど、パティスリーならではのぜいたくなヴィエノワズリーも人気。エルメさんの故郷、アルザスの伝統菓子のクグロフも提供している。

上・右／窓際の黄色いショーケースはボンボン・ショコラ専用。ボンボン・ショコラは約20品あり、常時10品を並べる。

真っ白な空間に、オレンジや黄色の什器を配したヴォジラール店。店舗デザインは建築家のクリスチャン・ビシェール氏が手がけた。

89

素材使いと組合せの妙で
フランス菓子の新定番をつくる

「ピエール・エルメ・パリ」は、フランス菓子の世界にさらなる創造性と芸術性をもたらした、世界でもっとも著名なパティスリーといっても過言ではないだろう。既成概念にとらわれず、さまざまな素材を駆使して五感で味わうパティスリーを提案。オートクチュールになぞらえ"オート・パティスリー"と題して半年ごとにコレクションを発表したり、デザイナーや調香師とコラボレーションしたりといった活動をとおして、パティスリーの可能性を広げている。

オーナーシェフのピエール・エルメさんのキャリアは、「ルノートル」の故ガストン・ルノートル氏のもとで14歳のときからはじまった。24歳で「フォション」のシェフパティシエに就任するとその才能を開花させ、「ラデュレ」時代にはバラとライチを組み合わせた「イスパハン」を開発。この組合せは、今や多くの店で見かけるフランス菓子の定番になった。

自店の開業は1998年。パリではなく東京だった。そして2001年、パリに"カムバック"。サン・ジェルマン・デ・プレ地区にシックなデザインの店舗を開き、注目を集めた。その3年後にオープンしたパリ2号店は、住宅街の15区に立地。白とビビッドカラーでまとめた明るい内装で、1号店との差別化を図っている。両店舗とも工房を併設し、すべての商品をそれぞれの工房でつくっている。

毎月テーマを設けて新作を投入

商品は、生菓子のほか、マカロンやチョコレート、焼き菓子、コンフィズリー、ヴィエノワズリー、アイスクリーム、茶葉など幅広くラインアップ。オレンジとパッションフルーツとチーズを組み合わせた「サティーヌ」、パッションフルーツとパイナップルとミルクチョコレートの「モガドール」、ピスタチオとイチゴの「モンテベロ」といった同店定番のフレーバーは、マカロンやパティスリー、ボンボン・ショコラなどさまざまな商品で展開されている。一方、新作も注目の的だ。新フレーバーのマカロンを月替わりで投入したり、毎月「バニラ」「レモン」「コーヒー」などテーマを設定して数品の期間限定商品を提供したり、ショーケースにはつねに新しい商品が並んでいる。

ピエール・エルメ・パリを支える商品開発担当スタッフは、エルメさんを含めて3人。エルメさんのデッサンをもとに、パリ市内の専用工房で試作をくり返し、アイデアを完璧な作品へと昇華させていく。エルメさんの菓子は、その見た目や味の組合せから、斬新さがクローズアップされることが多いが、その菓子づくりには、緻密でていねいな作業が要求される。エルメさん自身、「大量生産されるような菓子ではなく、パティスリーの生菓子をつくり続けたい」と話す。地道な作業を積み重ねていく職人魂が、ピエール・エルメ・パリのブランド力を支えているのだ。

百貨店のギャラリー・ラファイエット・オスマン本店にあるマカロンとチョコレートの専門店「マカロン&ショコラ ピエール・エルメ・パリ」。パリを中心に多店舗展開を進めている。

高級店が建ち並ぶサン・ジェルマン・デ・プレ地区に立地するパリ1号店。店舗デザインは、生菓子のデザインでもコラボレーションしたことがあるヤン・ペノーズ氏によるもの。宝飾店のような店づくりは、開店当時大きな話題になった。

イスパハン
Ispahan

バラ風味のマカロンとクリーム、フレッシュのフランボワーズとライチを組み合わせた「イスパハン」は、エルメさんの代表作。バラとライチの甘い香りと味わいにフランボワーズの酸味が重なり合う（€7.50）。

プレジール・シュクレ
Plaisirs Sucrés

ヘーゼルナッツ風味のダックワーズ、プラリネ、ミルクチョコレートのプレートとガナッシュ、クレーム・シャンティイ・ショコラの層が美しい。ミルクチョコレートの味わいをさまざまなかたちで表現した（€7.20）。

タルト・アンフィニマン・ヴァニーユ
Tarte Infiniment Vanille

サブレ生地に、バニラ風味のビスキュイとホワイトチョコレートのガナッシュ、マスカルポーネチーズのクリームを重ね、バニラの粉で飾った。バニラは、メキシコ産、タヒチ産、マダガスカル産の3種を使用（€7.20）。

ドゥ・ミルフィーユ
2000 Feuilles

くだいたクレープダンテルを加えたヘーゼルナッツのプラリネ、やわらかなプラリネのムース、キャラメリゼしたフイユタージュ生地を層にした。さっくりした繊細な歯ざわりの生地とやわらかなムースの対比が楽しい（€7.20）。

デジレ
Désiré

サブレ生地に、イチゴとバナナのコンポートをしのばせたレモンクリームを重ね、レモンピールとフレーズ・デ・ボワ（野イチゴ）で飾った。飾りのフルーツは季節によってフランボワーズやイチゴに替わる（€7.20）。

イメージカラーの黄色とオレンジ色をあしらった紙袋。葉の形に切り抜いたデザインが個性的だ。

3号店はチョコレートコーナーが充実
アルノー・ラエール セーヌ店
Arnaud Larher Seine

- 住所／93 rue de Seine 75006 Paris（Map B 165頁）
- 電話／01 43 29 38 15
- メトロ／Mabillon、Odéon
- 営業時間／火曜 14:00〜19:30、水・木曜 10:00〜19:30、
  　　　　　金・土曜 10:00〜20:00、日曜 10:00〜19:00
- 定休日／月曜
- http://www.arnaud-larher.com/

　繊細な味の組合せと多彩な食感を表現したパティスリーで高い評価を受けているアルノー・ラエールさん。1997年、パリ北部に位置する18区、モンマルトルの丘の近くに開業したあと、2000年に同じ18区に2号店を開き、07年にはM.O.F.（フランス最優秀職人）の称号を獲得。12年11月末には、6区に3号店（セーヌ店）をオープンした。内装はよりモダンな雰囲気で、チョコレートや焼き菓子のコーナーも設置。パリ中心部への進出で、改めて注目を浴びている。

オーナーシェフのアルノー・ラエールさんは、ブルターニュ地方ブレスト出身。「ペルティエ」「ダロワイヨ」「フォション」などを経て、1997年に独立開業。現在3店舗を構えるほか、レストランへの卸も展開。同店で修業する日本人パティシエも少なくない。

3号店は有名パティスリーやショコラティエが軒を連ねるセーヌ通りに立地。茶色の外壁とシンプルなロゴが落ち着いた雰囲気。

店内のショーケースに並ぶプチガトーは常時約20品。プチガトーは落ち着いた色合いのものが多く、オレンジ色のエチケットが映える。

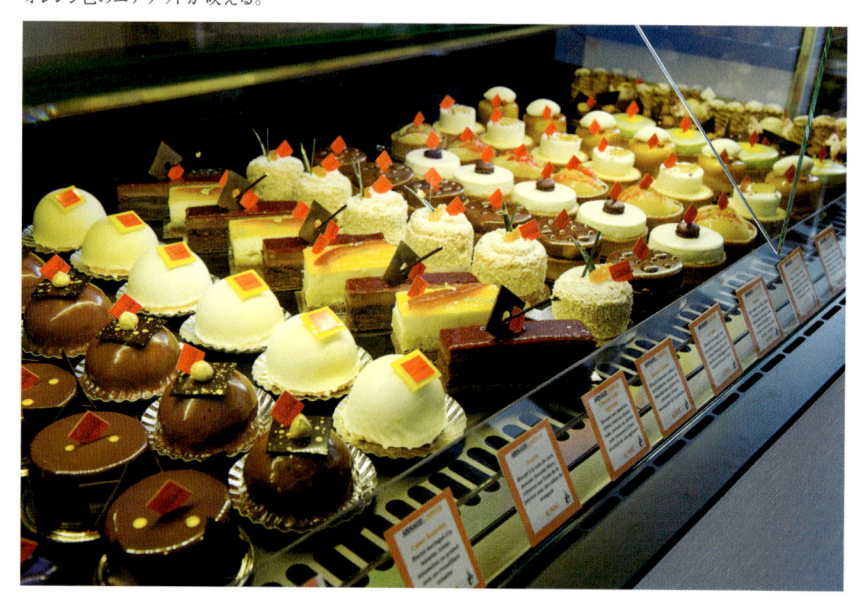

右／店内奥のチョコレートコーナーでは、約25品のボンボン・ショコラを中心に販売。ヴァローナやカカオバリー、ドモリなど数社のクーベルチュールをブレンドしてつくる。右右／ボンボン・ショコラのショーケースの正面にある棚には、カカオの産地などが異なる約20品のタブレットや袋詰めのトリュフが並ぶ。

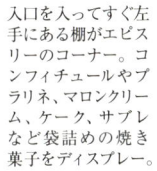

入口を入ってすぐ左手にある棚がエピスリーのコーナー。コンフィチュールやプラリネ、マロンクリーム、ケーク、サブレなど袋詰めの焼き菓子をディスプレー。

間口に比して奥に広い店舗。内装は、白を基調としたシンプルなデザイン。

1個のパティスリーに
多彩な味と食感を盛り込む

　2000年に食専門のガイドブックで最優秀パティシエに選ばれ、07年にM.O.F.の称号を獲得したアルノー・ラエールさんは、フランスを代表するパティシエの1人だ。15歳からパティシエの修業をはじめ、「ペルティエ」「ダロワイヨ」「フォション」などで経験を積んだのち独立開業。1号店と2号店をモンマルトルの丘のふもとに構え、パリ中心部から離れているにも関わらず、遠方からファンがわざわざ訪れる有名店に育てた。12年秋には、260㎡の工房を1号店の近くに新設し、3号店も開業するなど、順調に事業を拡大している。

　3号店は、有名パティスリーやショコラティエが建ち並ぶ6区のセーヌ通り沿いに立地。それまでは鮮やかなオレンジ色をテーマカラーとしていたが、「インテリアで店を印象づけるより、パティスリーを引き立てる色を使いたい」というラエールさんの考えから、内装は白と淡いグレーで統一。オレンジ色は箱や包装紙などの一部にとり入れ、地域の雰囲気に合ったモダンで洗練された店づくりを行なった。

高級パティスリーには"複雑さ"が必要

　ショーケースには、常時20品のプチガトーが並ぶ。ラエールさんは、甘さを抑えて素材の風味を生かしながら、一つのパティスリーで多彩な食感を表現する。「高級なパティスリーには"複雑さ"が必要だと思っています。レシピは固定せず、毎日4～5品味見をし、必要に応じて改良します」とラエールさん。ロングセラー商品のなかには10回以上レシピを変えたものもあるそうだ。

　チョコレートも同店の売りだ。店の奥にあるチョコレートコーナーでは、ボンボン・ショコラ約25品とタブレット約20品、袋詰めのトリュフなどを販売している。2011年にフランスの由緒あるチョコレート愛好家団体C.C.C.が"4タブレット"（最高位は5タブレット）と評価し、毎年開催されるチョコレートの見本市、サロン・デュ・ショコラでの入賞歴も多い。

　また、約15品をそろえるマカロンにも注目。コーラのクリームとジュレを挟んだり、シャンパンやアブサンなどのリキュールでフィリングを風味づけしたり、遊び心のあるユニークなフレーバーが評判を呼んでいる。

　さらに3号店では、キャラメルやギモーヴ、袋詰めのフルーツのコンフィなど、駄菓子感覚の菓子も充実させている。エレガントなパティスリーから親しみやすいおやつまでさまざまな商品をそろえ、幅広い層のお客から支持を集めている。

カラフルなマカロンは、マンゴー＆マンダリンオレンジ、キャラメル＆パッションフルーツなど約15品をそろえる。

歩道に面したショーウィンドーにはアントルメを陳列。つややかなチョコレートのグラサージュや立体的なデコレーションが、通行人の目をひく。

キャラメルのエクレア
Éclair Caramel

キャラメル風味のクレーム・パティシエールを詰めたエクレア（€4.60）。キャラメルをぬってチョコレートのプレートをのせ、パリッとした食感をアクセントにしている。このほか、ビターチョコレート風味のエクレアも用意。

パリ・ブレスト
Paris-Brest

ブルターニュ地方ブレスト出身のラエールさんにとって思い入れの強い伝統菓子。バニラ風味のシューに、プラリネ入りクレーム・パティシエールを挟んだ。伝統の車輪形ではなく、プチシューを並べてアレンジ（€5.20）。

バイア
Bahia

サブレ生地に、ココナッツ風味のダックワーズ、マンゴーとマンダリンオレンジのクリームを詰め、キャラメル風味のクレーム・シャンティイを重ねてキャラメルのグラサージュでおおった。キャラメルのほろ苦さと甘さが果実の風味とマッチ（€5.20）。

クレーム・ダンジュ
Crème d'Ange

ふわふわのマスカルポーネチーズのクリームとバニラ風味のビスキュイ、バルサミコ酢を加えて甘さを抑えたフランボワーズとイチジクのコンフィチュールの組合せ。木箱を使ってチーズをイメージした（€6.00）。

サイドにそれぞれオレンジと茶色をあしらったパティスリーボックス。浮彫にしたロゴも茶色とオレンジ。

パリ東部・20区の地域密着店
シュクレ・カカオ
Sucré Cacao

- 住所／89 avenue Gambetta 75020 Paris (Map F 166頁)
- 電話／01 46 36 87 11
- メトロ／Gambetta
- 営業時間／9:00〜13:00　15:00〜20:00、
　　　　　土曜 8:30〜13:30　15:00〜20:00、
　　　　　日曜 9:00〜13:30
- 定休日／月曜

庶民的な雰囲気の20区に、1999年にオープン。以来、伝統菓子から独創的な菓子まで多彩な商品を提供し、地域密着型のパティスリーとして高い人気を誇る。オーナーシェフのジェームス・ベルティエさんは、高級ホテル「ル・ムーリス」のシェフパティシエを経て独立開業。パティスリーはもちろん、チョコレートやコンフィズリー、アイスクリームなどのほか、ヴィエノワズリーやキッシュなどの軽食まで用意し、地元の子どもや家族連れからパティスリーにくわしいお客まで、ファン層は幅広い。日本人の研修生を多く受け入れていることでも知られる。

販売は女性3人が担当。鮮やかな色使いの内装が印象的。

左／ガンベッタ大通りに立地。夏は店の外でアイスクリームも販売する。
右／通り沿いの壁に大きな窓を設けて、開放感を演出。ずらりと生菓子が並ぶショーウィンドーを通りから眺める人も。

上／ショーウィンドーからカウンターにかけて、L字形に生菓子を陳列。ダークブラウンの台に鮮やかな商品が映える。下左／パステルカラーのギモーヴやドラジェはガラス瓶に入れて棚に置き、インテリアの一部に。下右／ボンボン・ショコラやタブレット、オランジェット、アマンド・ショコラなど、種類豊富なチョコレートも人気だ。

オーナーシェフのジェームス・ペルティエさん。パティスリー「ペルティエ」、ホテル「フーケッツ・バイヤール」を経て、ホテル「ル・ムーリス」でシェフパティシエを務めた。1999年に独立開業。数々の製菓コンクールの受賞歴をもち、現在はコンクールの審査員も務めている。

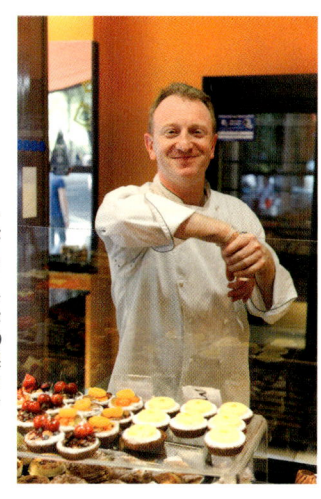

キッシュやサンドイッチも提供。ヴィエノワズリーなども販売する。

パティスリーやチョコレートを並べたショーケースは、入口を入って右側にまとめている。左側にはアイスクリームの冷凍ケースやギフト商品の陳列棚を置き、奥にレジを配置している。

庶民的な界隈で
高級パティスリーの地位を確立

　パリ東部に位置する20区は、アーティストや若いファミリーなどが増えている注目のエリア。しかし、「シュクレ・カカオ」がオープンした1999年当時はまだ庶民的なイメージが強い界隈で、パラスホテル出身のジェームス・ベルティエさんにとってこの地区でのパティスリーのオープンは一つの挑戦だったという。最初は伝統菓子中心のラインアップで、次第に斬新なオリジナル菓子も提案。開業15年になる今では高級パティスリーとして、地元でも高い支持を得ている。

　シュクレ・カカオはもともと、70年代の菓子業界の重鎮、故ルシアン・ペルティエ氏の夫人とベルティエさんとの共同経営で出発した。2005年にベルティエさんがすべての経営権を取得してオーナーになり、06年夏に全面リニューアルした。

半数以上がオリジナルの創作菓子

　店内には、生菓子、マカロン、焼き菓子、チョコレート、ヴィエノワズリー、コンフィズリー、アイスクリーム、サンドイッチ、キッシュなど多彩な商品が並ぶ。「いろいろな商品がいっぱい並んでいて、誰もが好きなものを見つけられる。そんな店にしたかった」とベルティエさんは言う。

　生菓子は、アントルメも含めて約40品をラインアップ。プチガトーは半数以上がオリジナルだが、週末には、人気の高いパリ・ブレストや、フレジエ、ミルフィーユなどの伝統菓子も数多く用意している。

　工房は、店から徒歩2分の場所に立地。取材時は、日本人3人とフランス人、台湾人の計5人の職人が働いていた。「大切にしているのは、旬の素材を使うこと。そして、工房で毎日きちんとていねいにつくること。理想の味を表現するためには手間をいとわない」とベルティエさんは話す。

　完璧な風味や食感、焼き上がりを求めるがゆえ、スタッフへの技術指導は厳しいそう。しかしその一方で、お客とは冗談を交えておしゃべりする気さくな一面もある。商品づくりへの真剣な姿勢と温かみのある店の雰囲気が、同店の魅力となっている。

プチガトーは半数以上がオリジナル。プチシューを積み上げたクロカンブッシュやバースデーケーキなど、オーダーメイドケーキの注文も多いという。

アルモニー
Harmonie

ホワイト、ミルク、ビターのチョコレートムースを"アルモニー（調和）"させた1品。グラサージュとチョコレートのプレート、金粉で、シンプルながら華やかな1品に仕上げた（€4.90）。

カメリア
Camélia

チョコレートとシナモンの2種のクリームを重ね、アーモンド入りのチョコレートのグラサージュで側面をおおった。仕上げに飾ったこうばしい円形のヌガティーヌで、見た目と食感に変化をつける（€4.90）。

クリスタル
Cristal

フランボワーズのクーリとマカロン、バラ風味のクリームの組合せ。クリームにはきざんだライチとフランボワーズを入れ、食感に変化をつけながら果実味あふれるフレッシュな味わいに仕上げた（€4.90）。

アンティミテ
Intimithé

アールグレイ風味のクリームを主役に、アーモンドのビスキュイとアプリコットのジュレを組み合わせ、マカロンなどで飾った。アプリコットの甘みを感じたあと、アールグレイの香りが口の中に広がる（€4.90）。

砂糖の量を抑え、ほんのり塩味をきかせたシュー生地で、バターたっぷりの自家製プラリネクリームをサンド。シュー生地にはくだいたアーモンドをちらし、カリッとした食感を加えた（€3.90）。

パリ・ブレスト
Paris-Brest

マドレーヌやフィナンシェ、サブレなど焼き菓子も充実。

99

和素材を使ったパティスリーも提供
ローラン・デュシェーヌ
Laurent Duchêne

- 住所／2 rue Wurtz 75013 Paris（Map G 166頁）
- 電話／01 45 65 00 77
- メトロ／Corvisart, Glacière
- 営業時間／7：30～20：00
- 定休日／日曜
- http://www.laurent-duchene.com/

ル・コルドン・ブルー パリ校で教授を務めた経験もあるM.O.F.（フランス最優秀職人）のローラン・デュシェーヌさんが、2001年11月にパリ13区で独立開業。旬の素材を生かしたパティスリーのほか、ヴィエノワズリーやサンドイッチなど日常に密着した商品を高品質で提供している。近年はチョコレートを充実させ、10年にはチョコレートとパティスリーに力を入れた2号店をオープン。12年にはパリを含むイル・ド・フランス地方のクロワッサンのコンクールで優勝。ファンの層はさらに広がっている。

パリ南部の13区、観光名所のない静かな住宅街に立地。お客は、地元の常連が多いが、わざわざ足を運ぶ観光客やファンもいる。

オーナーシェフのローラン・デュシェーヌさん。パティスリー「ペルティエ」、ミシュラン1つ星レストラン「トワ・ド・ポワシー」のシェフパティシエなどを経て、1991年にル・コルドン・ブルーの教授に就任。93年に30歳でM.O.F.獲得。

小さな花柄が描かれた白いタイルと鏡に囲まれた、明るく開放的な空間。ずっと昔からあるようなクラシックな雰囲気だ。

上／パティスリーは歩道から見えるショーウィンドーに陳列している。どれもカラフルでかわいらしいデザインだ。フルーツタルトなどの定番は店内のショーケースに並べる。左／ボンボン・ショコラは約20品。すべて正方形で、風味ごとに一つひとつ手作業で模様を入れている。

101

素材の組合せがユニークな
オリジナル商品に注目！

「ペルティエ」をはじめとするパリの有名店や星付きレストランのシェフパティシエを務め、1991年に製菓学校のル・コルドン・ブルー パリ校の教授に就任。10年にわたり後進の指導にあたった、パティスリー界では知られた存在のローラン・デュシェーヌさんが、独立開業の場所として選んだのはパリ南部の13区だった。閑静な住宅街だからこそ常連客をつかめると考えたからだ。「近隣住民はもちろん、ほとんどの方が私たちの店をめざして来られます。ですから、その期待にこたえられるように、商品はつねに見直し、新商品も随時開発しています」とデュシェーヌさんは言う。

プチガトーは、エクレアやパリ・ブレストなどの伝統菓子に加え、カラフルなオリジナル商品などを常時約30品そろえる。オリジナルのプチガトーは、フランボワーズ風味のビスキュイ・オ・ザマンドとホワイトチョコレートを組み合わせた「ルビー」、ライム風味のクリームとフレーズ・デ・ボワの「ミカド」、コーヒー風味のビスキュイとクリームの「トゥー・カフェ」など、開業時からの定番が人気。ほかにも、パッションフルーツとマンゴーのジュレ、パンナコッタのクリームを組み合わせたトロピカルな「パンゴ」、コリアンダー風味のガナッシュとライム風味のチョコレートムースを組み合わせた「エキノックス」など、ユニークな素材の組合せの商品が好評だ。

また、日本料理店のデザートを任されているため、抹茶のシュークリームやユズのマカロンといった和のフレーバーの商品があるのも特徴だ。ただ、たんに流行の素材を使うことや、奇をてらった組合せはしないそう。「複数の素材を使っていても、それぞれの素材の風味が感じられ、口の中でやさしく混ざり合う相乗効果を意識しています」（デュシェーヌさん）。

開業時からパンも好評

このほか、ボンボン・ショコラや、ギモーヴ、パート・ド・フリュイなどのコンフィズリー、焼き菓子、パン・ヴィエノワズリー、サンドイッチやキッシュなど、品ぞろえは豊富。なかでもパンは開業時から評判が高く、パン専門のガイドブックでパリのトップクラスに選ばれたこともある。2012年にはイル・ド・フランス地方の「ベスト・クロワッサン」コンクールで優勝し、その実力を改めて証明している。

朝食のヴィエノワズリー、ランチのサンドイッチ、午後のおやつ、夕食時のバゲットやデザートのパティスリーなどを求め、幅広い年齢層の常連客が訪れる。

人気商品のフランボワーズ風味のフォンダン・ショコラ。

ヌガー
Nougat

鮮やかなオレンジ色が印象的。ビスキュイにヌガーのムース、アプリコットのクリームを重ねて、アプリコットのジュレでおおった。ビスキュイはアーモンドやピスタチオなどを混ぜてカリッとした食感に (€4.80)。

グリオタン
Griottin

レモンとオレンジの皮で風味づけした酸味のあるフロマージュ・ブランのムースに、グリオットチェリーのジュレ、ピスタチオのビスキュイをしのばせた春夏限定の商品。土台は塩味のサブレ・ブルトン (€4.85)。

シュープレーム・フレーズ
Suprême Fraise

カリカリとした食感のアーモンドのチュイルに、アーモンドのビスキュイ、イチゴのジュレ、バニラクリーム、ホワイトチョコレートを重ねた。イチゴのジュレで描いた水玉模様がかわいらしい (€4.80)。

チョコレートと
キャラメルのタルト
Tarte Chocolat Caramel

ほんのり塩味をきかせたチョコレート風味のサブレに塩キャラメルを流し、チョコレートクリームを絞ったシンプルかつ濃厚なタルト。サブレとキャラメルの塩味がチョコレートの甘みとマッチする (€4.50)。

ミュルミュール
Murmûre

やわらかなチョコレートのビスキュイに、ミュール（ブラックベリー）風味のチョコレートムース、アールグレイ風味のクレーム・ブリュレを重ねた。表面をピストレで紫色にし、チョコレート細工などで飾る (€4.80)。

シシル
Sicile

サクサクとした食感のヘーゼルナッツのサブレに、ジャンドゥージャ入りのクレーム・シャンティイを絞り、ピスタチオクリームを詰めた3つのプチシューを並べて、リズミカルなデザインに仕上げた (€4.80)。

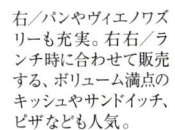

右／パンやヴィエノワズリーも充実。右右／ランチ時に合わせて販売する、ボリューム満点のキッシュやサンドイッチ、ピザなども人気。

バラエティー豊かなパンやそうざいも魅力
ジェラール・ミュロ サン・ジェルマン店
Gérard Mulot Saint Germain

- 住所／76 rue de Seine 75006 Paris（Map B 165頁）
- 電話／01 43 26 85 77
- メトロ／Mabillon, Odéon
- 営業時間／6:45～20:00
- 定休日／水曜
- http://www.gerard-mulot.com/

パリ6区のセーヌ通りとロビノー通りが交わる角地に立地。真っ白な庇と外壁が目印。

80㎡の売り場は、パティスリー、パン、チョコレート、そうざいの4つのコーナーで構成。

　1975年、パリ6区のサン・ジェルマン・デ・プレ地区にジェラール・ミュロさんがオープンしたパティスリー。開業2年後にチョコレートをラインアップに加え、89年に規模を拡張してそうざいの販売もスタート。2005年にはチョコレートとマカロンの専門店を13区にオープンした。1号店開業から約40年を経た現在、約50人の職人を抱え、400品もの商品を扱う企業に発展したが、ミュロさんを中心とする家族的な経営方針は変わらない。伝統を守りつつ、トレンドを反映したパティスリーはもちろん、パンやそうざいなども高い評価を得ている。

オーナーシェフのジェラール・ミュロさんは、フランス北東部のヴォージュ地方生まれ。18歳から「ダロワイヨ」で修業し、パティシエの国家資格を取得。1975年に独立開業をはたし、78年に現物件に移転。89年には店舗を拡張、2005年には2号店をオープンし、今では約50人の職人を抱える企業に成長している。

上／ショーウィンドーには、華やかなアントルメやタルトを陳列。ギフトに最適な箱入りマカロンなどもディスプレー。下／色鮮やかなプチガトーがずらり。見た目の印象も重視して、形や色使いなどのデザイン面にも力を入れる。

クラフティやタルトは、大きく焼き上げてカット売りもしている。

上上／パンのコーナーは、昼と夕方にはかならず行列ができる。上／そうざいのコーナーも大盛況。20品近くあるサラダのほか、キッシュやテリーヌなどバラエティー豊かな品ぞろえ。

時代のトレンドをキャッチし、新しい味を提案する

　カラフルなフルーツタルトや、つややかなグラサージュが印象的なチョコレートケーキなど、華やかなパティスリーが並ぶ「ジェラール・ミュロ」。有名パティスリーやショコラティエがひしめく界隈で、約40年も前から"サン・ジェルマン・デ・プレのパティスリー"として幅広い客層に親しまれてきた人気店だ。14歳のときにパティシエになることを決めたというオーナーシェフのジェラール・ミュロさんは、今でもみずから食材を選び、スタッフとともに商品をつくり、お客と笑顔で会話を交わしている。

　1975年の開業当初はパティスリー＆ブーランジュリーとしてスタートしたが、徐々にチョコレートやそうざいなどを追加し、品ぞろえを拡充。89年に拡張した店内は80㎡の広さを誇り、パティスリー、パン、チョコレート、そうざいの4つのコーナーで構成される。厨房は地下にあり、約40人のスタッフがパティスリーとパン、そうざいを製造。チョコレートとマカロンは、約10人のスタッフが2005年にオープンした13区の2号店で製造し、本店に運んでいる。すべての商品を店内でつくることがミュロさんの信条だ。

評価の高い伝統菓子

　プチガトーのレパートリーは、季節商品を含めて65品ほど。そのうち常時40品が店頭に並ぶ。エクレア、オペラ、パリ・ブレスト、サバランなどフランス菓子の定番をひととおりそろえていることに加え、メレンゲとクレーム・シャンティイを組み合わせた「ムラング・シャンティイ」や、小舟形のマロンタルト「バルケット・マロン」など、今ではあまり見かけられない古典菓子も用意している点が特徴。伝統菓子が充実している店として定評がある。一方で、同店オリジナルの菓子の評価も高い。チョコレートムースの「クール・フリヴォール」やマカロンを使った「アマリリス」は、15年以上前に開発されたものだが、同店のスペシャリテとして今も多くのお客に親しまれている。

　そうざいは、サンドイッチやキッシュ、肉や魚のテリーヌ、サラダなど、気軽なランチからパーティーまで対応できる豊富な品ぞろえ。パンも、バゲットなどの食事パンから、クロワッサンやパン・オ・ショコラなどのヴィエノワズリーまでそろい、最近ではビオのパンの提供もはじめた。時代のトレンドを的確にとらえ、新商品を積極的に開発している。伝統の味と高いクオリティーを保ちつつ、つねに新しい味を提案し続ける姿勢が、長い間ファンをひきつけている理由だろう。

つねに多くのお客でにぎわう店内。お客は各コーナーで担当の販売スタッフに注文し、共通のレジで会計して商品を受けとる。

ミルフィーユ
Millefeuille

サクサクのフイユタージュ生地にふんわり仕上げたバニラ風味のクレーム・パティシエールを挟んだ定番（€4.40）。イチゴとフランボワーズ、ヌガー入りクリーム、キャラメル風味のクリームを挟んだミルフィーユも用意している。

タルト・オ・フレーズ
Tarte aux Fraises

焼き込んだフイユタージュ生地と軽やかなクレーム・パティシエールがイチゴのみずみずしさを強調。イチゴはおもにブルターニュ地方のプルガステル産を使う。フィガロ紙で2011年のパリのイチゴタルト第1位に輝いた（€5.40）。

タルト・オ・シトロン・ムランゲ
Tarte au Citron Meringuée

こうばしいアーモンド風味のシュクレ生地に、濃厚で甘ずっぱいレモンクリーム、口溶けのよい軽やかなイタリアンメレンゲを重ねた（€4.40）。

クール・フリヴォール
Cœur Frivole

1993年発売のロングセラー商品。アーモンドとチョコレートのビスキュイに、ビターとミルクのチョコレートムースを重ねた。"軽やかな心"という名のとおり、口の中でふわりと溶ける（€5.00）。

アマリリス
Amaryllis

1998年に発表した定番商品。サクサクとしたマカロンに、バニラ風味のクリームとフレッシュのフランボワーズを挟んだ。マカロンにちりばめたドライフルーツやナッツが食感のアクセントに（€5.80）。

ギフトに最適なチョコレートとマカロン。ボンボン・ショコラは、オレンジやフランボワーズ、ハチミツやショウガの風味など、約30品をラインアップ。約15品そろえるマカロンは、パッションフルーツ&バジルなどの個性的なフレーバーも。

107

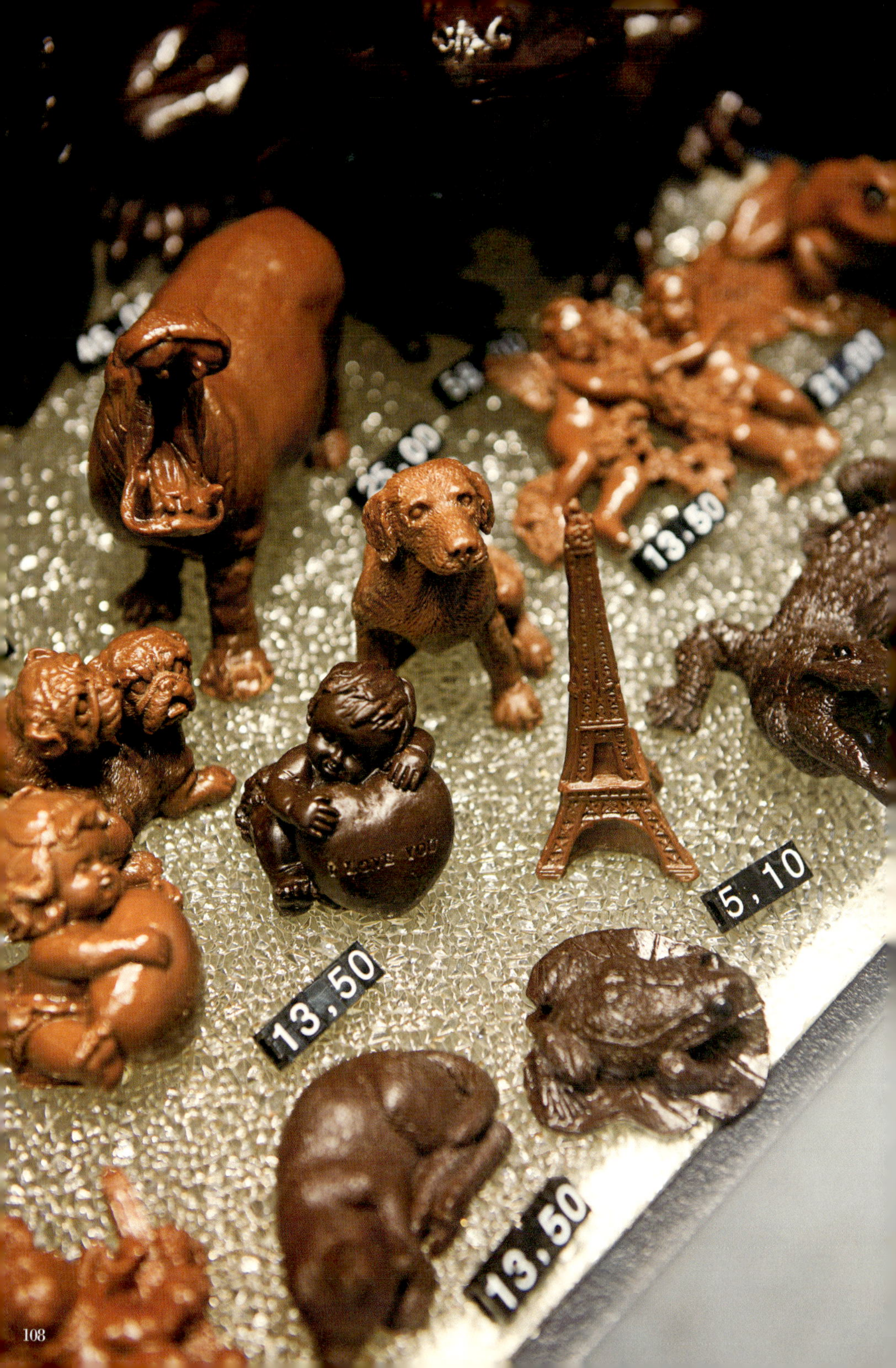
13.50
5,10
13,50
13.50

ショコラティエ＆コンフィズリー

フランスでは、お菓子屋さんといっても、さまざまなジャンルに細分化されます。「パティスリー」とは、粉が主体の生菓子や焼き菓子を提供する店。それに対して、チョコレートの専門店は「ショコラティエ」、砂糖菓子をおもに扱う店は「コンフィズリー」と呼びます。ここでは、パリに行ったらぜひ訪れたい、魅力的なショコラティエ＆コンフィズリーを紹介します。

クリエイティブな作品を次々と発表
ジャン=ポール・エヴァン サントノレ店
Jean-Paul Hévin Saint Honoré

- 住所／231 rue Saint Honoré 75001 Paris（Map A 162頁）
- 電話／01 55 35 35 96
- メトロ／Madeleine, Concorde
- 営業時間／10:00〜19:30
- 定休日／日曜・祝日
- http://www.jeanpaulhevin.com/

　ジャン=ポール・エヴァンさんのチョコレートは前衛的なことで有名だ。そもそも、3つ星シェフのジョエル・ロブション氏が指揮する「オテル・ニッコー・ド・パリ」のレストランのパティシエを十数年間務め、M.O.F.（フランス最優秀職人）の称号もパティシエとして取得。ショコラティエだが、パティスリー寄りの柔軟なイマジネーションでチョコレートを"創る"からだ。現在、「ジャン=ポール・エヴァン」は、日本、香港、上海、台湾にも店舗を展開。クリエイティブな作品を次々に発表し、各地で成功を収めている。

ダークなチョコレート色を基調にした、シンプルでモダンな店内。2階はショコラ・ショーなどが楽しめる「バー・ア・ショコラ」。

左／1997年オープンのサントノレ店。コンコルド広場とマドレーヌ広場に近い好立地。エレガントな外観が目をひく。右／ショーウインドーには、マカロンやギフト用詰合せなどをディスプレー。

上／ボンボン・ショコラのショーケースは店の奥に配置。右／上質なチョコレートを使用したパティスリーも人気だ。

オーナーシェフのジャン＝ポール・エヴァンさん。ジョエル・ロブション氏率いる「オテル・ニッコー・ド・パリ」のレストランで頭角を現わす。1988年にパリに1号店を開業。現在、パリ、日本、香港、上海、台湾で17店舗を展開している。

宝石のようにパティスリーやマカロンが並ぶショーケースは圧巻。

111

スペシャリテも改良を重ねて時代に合った味に近づける

　世界のトップショコラティエとして、その地位をゆるぎないものにしているジャン＝ポール・エヴァンさん。強さの秘訣は、現状のレシピに甘んじることなく、改良をくり返す"完璧主義"にあるだろう。「チョコレートはとても奥深い菓子です。なかでもわずか10gにも満たないボンボン・ショコラには、とりわけ特別な世界が広がっています。昔からつくり続けているスペシャリテはたくさんありますが、つねに改良をくり返し、微調整して、その時代に合った納得できる味わいに近づけています」とエヴァンさんは言う。ロングセラーであるボンボン・ショコラの「1502」も「アナピュルナ」も、つねにレシピに改良を加え、理想の味わいを追求している。

　また、フレーバーを変えてたくさんの種類をそろえるのではなく、組み合わせる素材に合う食感や余韻の長さなどを探求し、製法を変えていく。そのため、ガナッシュを製造する機械は、旧式のものから最新のものまでを駆使。2011年秋に発表したオレンジ風味の「JPHブラック」のガナッシュと、グレープフルーツ風味の「JPHミルク」のガナッシュは、新型の機械を使うことでそれまでになかったテクスチャーを実現したという。柑橘の風味をより感じられるように、空気を含ませてふんわり軽やかなテクスチャーに仕上げたのだ。一方、プラリネは以前と変わらず、手作業でつくり上げる。「最終的には人間の手による感覚がいちばん信用できる」とエヴァンさん。機械に頼らず、職人の感覚を信じて自身の味を生み出している。

遊び心のあるショコラ・ショーも名物

　2010年の秋には、サントノレ店の2階に併設していたサロン・ド・テを改装して「バー・ア・ショコラ」をオープン。看板商品のショコラ・ショー「アンヴィ・パリジェンヌ」は、1時間ごとに風味を変えるという斬新な提供方法で話題を集めた。たとえば、12時〜13時はアペリティフをイメージした牡蠣風味、13時〜14時はスナックをイメージしたニンジン風味、14時〜15時はデザートをイメージしたフランボワーズ風味といった具合で計7品をラインアップ。唐辛子やショウガ、抹茶などさまざまな素材を使うことで、お客の好奇心を刺激すると同時に、驚きも与えている。つねに遊び心をもちながら、革新を求めるエヴァンさん。今後の展開にも注目だ。

さまざまなクリームと組み合わせるショコラ・ショー。写真のクリームは、奥から時計回りに、チョコレートムース、フランボワーズ、洋ナシ・バニラ。このほか、抹茶やマロン、牡蠣など個性的な風味も。ショコラ・ショーにクリームをのせて提供している。

2010年に2階のサロン・ド・テを「バー・ア・ショコラ」にリニューアル。ゴールドが内装のアクセント。

アナピュルナ
Anapurna

JPHミルク
JPH Lait

チーズの
チョコレート
*Chocolat
Apéritif
au Fromage*

アマレノ
Amareno

1502

JPHブラック
JPH Noir

上から、「JPHミルク」（€98.00／kg）はグレープフルーツの果汁とビールを混ぜたミルクチョコレートガナッシュのさわやかな風味と軽い口あたりが特徴。ノルマンディー地方のチーズ、ポン・レヴェックとタイムを組み合わせた「チーズのチョコレート」（140g・€16.70）。「JPHブラック」（€98.00／kg）は、オレンジの風味がカカオの苦みと好相性。

定番の人気商品（各€98.00／kg）。上から、空気を含ませてふんわりと仕上げたミルクチョコレートのガナッシュとマロンペーストが2層になった「アナピュルナ」。口溶けのよいジャンドゥージャ入りの「アマレノ」。「1502」は、ベネズエラ産とマダガスカル産のカカオを組み合わせた上品な苦みが特徴。

タブレット（€3.90〜）や、ひと口サイズの円盤形タブレット「プチ・パレ」（12枚入り€15.70）、ミルクとビターのチョコレートでおおったアーモンド入りのサブレ「クラカン」（28枚入り€28.00）、アーモンドのヌガティーヌをのせた「サブレ・ヴィエノワ・ヌガティーヌ」（24枚入り€27.20）など、ボンボン・ショコラ以外のチョコレート菓子や焼き菓子も充実。

粉糖をまぶしたアマンド・ショコラは、キャラメリゼしたアーモンド入りの塩キャラメル風味。緑色は、アーモンド、ジャンドゥージャ、ピスタチオパウダーの組合せ（各120g／€14.10）。

ジャンドゥージャ・アーモンド、ピスタチオ
Amandes Duja Pistache

ミルクチョコレート・アーモンド、キャラメル、フルール・ド・セル
*Amandes Mexicaines
Lait Caramel*

右／アマンド・ショコラなどは小さなパッケージでも提供する。右右／キャラメルも豊富にそろえる。

2階のギャラリーではチョコレート彫刻を展示
パトリック・ロジェ マドレーヌ店
Patrick Roger Madeleine

- 住所／3 place de la Madeleine 75008 Paris（Map A 162頁）
- 電話／01 42 65 24 47
- メトロ／Madeleine
- 営業時間／10:30～19:30
- 定休日／月曜
- http://www.patrickroger.com/

マドレーヌ教会が建つ広場に立地。外壁は全面ガラス張りで、テーマカラーの緑と黒のストライプが施されたモダンなデザイン。

アルミニウム製の筒を多用した店内は独特な雰囲気。ショーウィンドーにはチョコレートの彫刻作品を飾っている。

世界各地の最高級の素材を組み合わせ、個性的なチョコレートを次々と発表して話題を呼ぶM.O.F.(フランス最優秀職人) ショコラティエのパトリック・ロジェさん。1997年にパリ郊外のソーに1号店を開業し、2004年にパリに進出。08年にはソーに700㎡の工房を建設し、商品に使うハーブの栽培や養蜂もはじめた。12年にマドレーヌ広場にオープンした店は、筒状のアルミニウムに囲まれた近未来的な内装が話題を呼んだ。2階には彫刻作品を展示し、チョコレートとアートを融合した独自の世界を発信している。

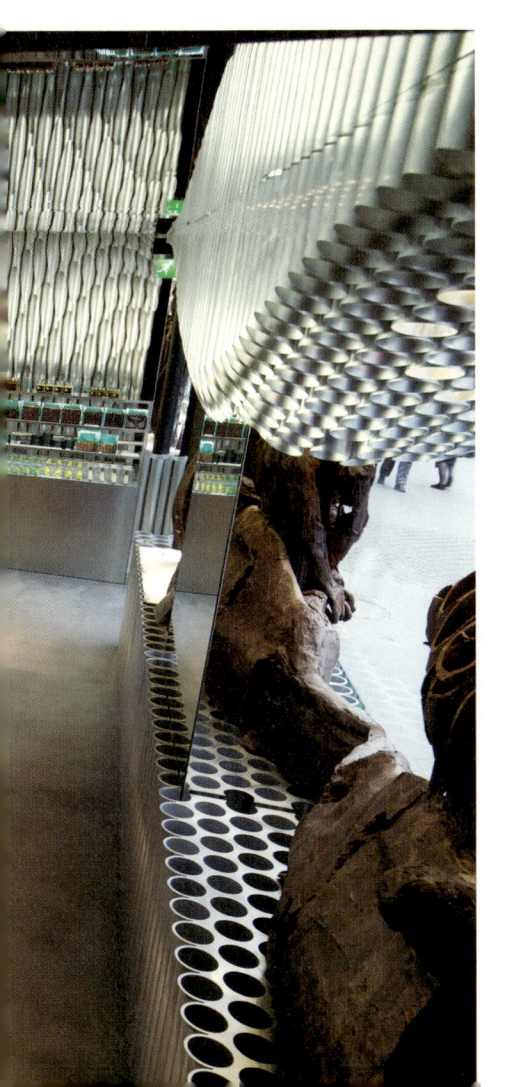

オーナーシェフのパトリック・ロジェさん。「ペルティエ」「モデュイ」などを経て、1997年にパリ郊外のソーで独立開業。2000年にM.O.F.を取得。パリ市内と郊外、ベルギーに計9店舗を展開する。

上／メタリックな陳列台には、詰合せ商品がずらりと並ぶ。箱の緑色が内装のアクセント。下／棚には、オランジェットやアマンド・ショコラなどの袋詰め商品のほか、コンフィチュールやハチミツ、マジパン細工なども陳列。

フルーツやハーブを組み合わせた フレッシュな味わいが魅力

　カラフルでつややかなドーム形のボンボン・ショコラ、3トンのチョコレートを使った高さ10mのクリスマスツリーなど、クリエイティブかつ斬新なアプローチで耳目を集めるパトリック・ロジェさん。2012年にオープンしたマドレーヌ店は、ロジェさんが店舗デザインを手がけ、アルミニウム製の筒と鏡を多用した近未来的な内装で話題を呼んだ。季節や行事ごとに制作して各店舗に飾るロジェさんの彫刻作品も2階に展示。特別なイベント時以外は一般客は入れないが、チョコレートをアートの世界まで昇華させたロジェさんの世界観をもっとも表現した店といえるだろう。

　気鋭のショコラティエとしての地位を確立しているロジェさんだが、もともとはパティシエとして修業をスタート。修業先の「ペルティエ」ではすぐに才能を見出され、店に入って1ヵ月後にはチョコレート担当に。「チョコレートからさまざまなものを創造できる」と感じ、ショコラティエの道に進んだ。

　1997年にパリ郊外のソーで独立開業。レモンとバジル風味のガナッシュなど、フレッシュなフルーツやハーブ、スパイスを使った驚きのある味わいで、あっという間に人気店となった。また、落ち着いた色のパッケージを用意するショコラティエが多いなか、鮮やかな緑色のボックスを採用。2006年にオープンしたパリ3号店（ヴィクトール・ユゴー店）では、森をイメージして天井と壁一面に木々の写真を貼るなど、店づくりへのアプローチも個性的だ。

売り場は鏡を多用して、奥行を感じさせる空間に。写真奥の階段は2階のギャラリーにつながる。

個性的なフレーバーとデザイン

　全店舗とも商品構成は同じ。ボンボン・ショコラは、コーヒーやバニラの風味をきかせたガナッシュ、アーモンドの自家製プラリネといったクラシックなフレーバーから、甘草＆アニス、タイム＆レモン、ゴマ、ホップなど個性的な風味まで約25品を用意。素材の甘みや酸味、そして苦みまでも調和させたフレッシュな味わいが特徴だ。

　カラフルなデザインとユニークな味で人気があるのが、ドーム形のボンボン・ショコラ「クルール（カラー）」。ユズとヴェルヴェーヌのガナッシュ、スダチの酸味をきかせたガナッシュ、ライム風味のとろけるキャラメルなどをしのばせている。

　「自分が好きな味を自分らしい方法で表現しているだけ。チョコレートの可能性は無限大。アイデアはどんどん湧いてきます」とロジェさんは言う。職人としての緻密さと、奔放な芸術家気質を併せもった独自の感性で、チョコレートの新たな世界を創造し続けている。

アンスタンクト
Instinct

タンドレス
Tendresse

ブシェ
Bouchés

コルシカ
Corsica

左／ボンボン・ショコラ3個分のサイズのブシェ（1個€3.00）。左は、アーモンドとピスタチオ風味のガナッシュ入り。右は、レモンライムのガナッシュ入り。足跡のデザインがユニーク。右／酸味と苦みがほどよくきいたコルシカ産のオレンジピールを、ビターチョコレートでコーティングしたオランジェット（€108.00／kg）。ショウガのコンフィでつくる「ベイジン（北京）」もある。

「アンスタンクト」（上2点）は、ローストしたアーモンドとヘーゼルナッツのプラリネ入り。コーティングはビターチョコレートとミルクチョコレートの2種。「タンドレス」は、キャラメリゼしたイタリア・ピエモンテ産ヘーゼルナッツ入り（各€108.00／kg）。

クルール（カラー）
Couleurs

個性的な風味の、つややかなドーム形のボンボン・ショコラ。左から、ユズとヴェルヴェーヌのガナッシュ、オレンジのパート・ダマンド、ハチミツのガナッシュ、レーズンとビネガーのキャラメル入り（16個入り€48.00）。

ユーモラスな表情のマジパン細工（1個€10.00）。動物やキノコ、雪だるまなど、季節に合わせてさまざまなテーマを設けてつくる。

2階のギャラリーでは、ロジェさんの彫刻作品を展示。写真は巨大なチョコレート製のゴリラ。

ユニークな味わいのボンボン＆タブレット
ジャン＝シャルル・ロシュー
Jean-Charles Rochoux

- 住所／16 rue d'Assas 75006 Paris（Map B 164頁）
- 電話／01 42 84 29 45
- メトロ／Rennes、Sèvres Babylone
- 営業時間／10:30〜19:30、月曜 14:30〜19:30
- 定休日／日曜
- http://www.jcrochoux.com/

サン・ジェルマン・デ・プレとモンパルナスの中間に位置するアザス通り。チョコレートがウィンドーに飾られたシックな店構えが、行き交う人々の目をひく。店の地下にアトリエがある。

ジャン＝シャルル・ロシューさんは、生粋のショコラティエだ。粉を使った生菓子や焼き菓子はつくらない。チョコレートにすべての力をそそいでいる。20種ほどのクーベルチュールを駆使して披露するのは、チョコレートがもつさまざまな魅力。タブレットでは、産地ごとの香りの違いを表現し、スパイスやフルーツでよりチョコレートの味を引き立てる。ボンボン・ショコラでは、繊細なガナッシュや香り高いプラリネの魅力をアピール。材料、製法に妥協を許さず、すべてを少人数の先鋭スタッフとつくり上げる同店は、パリジャンに高い支持を得ている。

チョコレート色の木を使用したショーケースや床、シャンデリアが、シックな雰囲気を醸し出している。天井に、商品のパッケージにも採用しているクロコダイル柄。

メインショーケースに並ぶ、20品ほどのボンボン・ショコラ。旬のハーブや果物を市場で買い、生クリームにアンフュゼしてガナッシュに香りを移すなど、細部にまで手づくり感が宿る。

棚の上に飾られているのは、毎年春になるとショーウィンドーを華やかに演出する、歴代の復活祭のオブジェ。定番の卵だけでなく、ワニなど動物のデザインも多い。

ほかのショコラティエではあまり見かけない、型に流してつくるチョコレートのオブジェも、この店の人気商品。「おいしく、美しいプレゼント」とパリジャンに大人気。

左／タブレットの模様は、格子柄にクロコダイル柄を半分かぶせたもの。シルバーのパッケージもこの柄だ。右／テット・ド・モワンヌチーズのように、くるくる削って食べるプラリネ。

常連率が極めて高いのもこの店の特徴。お客はロシューさんがいつも店にいることを知っていて、「ロシューさんに会わないとここに来た気がしないの」と言う。お客との距離が極めて近いのも、同店の魅力の一つだ。

フルーツ、ハーブ、スパイスを使ってチョコレートの魅力を引き立てる

　3〜4歳のころから菓子づくりに興味をもち、「大きくなったらアフリカで、おなかが空いている人たちのために菓子をつくりたい」という夢をもっていた、オーナーシェフのジャン=シャルル・ロシューさん。その夢は叶わなかったが、彼は今、パリでチョコレートが好きな人たちのために、日々チョコレートをつくっている。

　20種類ほどのクーベルチュールを駆使して、約20品のボンボン・ショコラ、45品のタブレット、そのほかにもジャンドゥージャやトリュフ、マンディアン、そして動物や歴史的建造物などをかたどったチョコレートオブジェなど、さまざまな商品をつくるロシューさん。緑茶＆桜の花の塩漬けや、山椒などを入れたタブレット、シガー風味のボンボン・ショコラなど、個性的な商品も数多くそろえている。

「ギー・サヴォワ」などの高級レストランでパティシエとして修業後、名ショコラティエ、ミッシェル・ショーダン氏の店に入り、チョコレートの魅力に開眼。氏のもとで10年間修業したのち、2004年に独立開業。右岸に2軒めのオープンを検討中。

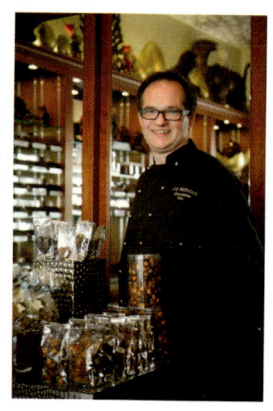

小さなアトリエですべてを手づくり

　「味のバランスは頭の中で考えます。料理人と同じで、『何と何を組み合わせればおいしい』というのはだいたい想像できますからね。あとは試作を重ね、最高のバランスの配合を見つけるだけ」と話すロシューさん。市場に通い、旬のフルーツやハーブを買い込んでは、みずからアルコールに浸けてボンボンにしたり、生クリームにアンフュゼしてガナッシュをつくったり。また、山椒などのスパイスの多くは粒のまま購入し、つねに挽きたてのフレッシュな香りをボンボン・ショコラやタブレットにとじ込める。「料理におけるスパイス使いのように、さまざまな香りはチョコレートの魅力をさらに引き立ててくれる」とロシューさん。つねに商品開発に余念がない。

　「楽な道を選んではいけません。ショコラティエは、体力的にもとてもハードな職業。技術を身につけるのも、時間がかかります。長い経験を経て初めて、チョコレートはその魅力を我々に見せてくれます。情熱と愛情、そして好奇心をもってチョコレートに向き合うことで、チョコレートのすばらしさを知ることができる。その魅力を私は多くの人々に伝えたい」。小さなアトリエですべてを手づくりする、シェフのこだわりが詰まったショコラティエ。職人の矜持を満喫できる、パリのトップショコラティエの1店だ。

店の地下にあるアトリエ。3〜4人のスタッフが、ロシューさんの職人哲学を受け継ぎながら、ていねいにチョコレートを手づくりする。

自家製は珍しい、キルシュ漬けサクランボのボンボン。ロシューさんは、みずからサクランボを買ってキルシュに漬け込み、ボンボンをつくる。

タブレット 桜&緑茶
Tablette Fleur de Sakura & Thé Vert

3種の緑茶をブレンドして粉砕したものを、ビター、ミルク、ホワイトの3種のチョコレートに練り込んだタブレット。裏面に小田原からとり寄せる桜の花の塩漬けをちらした(各€9.80)。

タブレットの一番人気は、フローラルな香りのマダガスカル産カカオ分70%のチョコレートに、キャラメリゼしたアーモンドとヘーゼルナッツをぎっしり並べたもの。ナッツがゴロゴロと入ったフォルムが楽しい裏面(各€8.10)。

タブレット・アーモンド、タブレット・ノワゼット
Tablette Amande, Tablette Noisette

表面をコーティングせず仕上げた、ガナッシュのみのきわめて口溶けのよいトリュフ、焙煎したカカオ豆にチョコレートをかけたものなど、個性的な商品が多い。

パータ・タルティネ
Pâte à Tartiner

フランス人が大好きなパータ・タルティネ。多くのショコラティエが提案しているが、ロシューさんは、ショコラ、ノワゼット、キャラメル、フレーズ・デ・ボワをラインアップ。夏にはバジル風味も出る予定(各€10.50)。

リキュール・ボンボン
Bonbon Liquer

カルヴァドス、キルシュ、シャルトリューズ、洋ナシのオー・ド・ヴィなどを包み込んだボンボン。「今度は日本のウィスキーでつくってみようかな」と、ウィスキー好きのロシューさん(€104.00/kg)。

マンディアン
Mandiant

顧客の要望で特別につくった商品を、「上手にできたから」と定番化。ミルクとビターのチョコレートディスクに、アーモンドとヘーゼルナッツ、オレンジとレモンのピールをのせた(円筒ケース€44.90、袋詰め€14.70)。

店内にはチョコレートのオブジェがずらり

ミッシェル・ショーダン
Michel Chaudun

- 住所／149 rue de l'Université 75007 Paris
  (Map A 162頁)
- 電話／01 47 53 74 40
- メトロ／La Tour Maubourg
- 営業時間／9:15～19:00、
  月曜 9:30～12:30　13:00～18:00
- 定休日／日曜

　1986年にパリで開業し、91年に東京に出店した「ミッシェル・ショーダン」。日本にフランスのチョコレートを広めた先駆けの店として知られている。複数のクーベルチュールをブレンドしたガナッシュや自家製のプラリネを使ったボンボン・ショコラに定評があるほか、93年に開発した、焙煎したカカオ豆"グリュエ(カカオニブ)"を使った商品や、古代の彫刻作品や動物などをモチーフにしたチョコレートのオブジェも有名。創業28年を迎える現在もチョコレートの伝統を伝え続ける、パリを代表するショコラティエの一つだ。

上／ベージュの石壁にチョコレート色でロゴをあしらったシックな外観。エッフェル塔やセーヌ川も近いパリ7区に店を構える。右上／ショーウィンドーには、貴重なアンティークのチョコレート型をディスプレー。下／木製の家具が置かれた落ち着いた雰囲気の店内は、まるで博物館のよう。

オーナーシェフのミッシェル・ショーダンさん。14歳でパティシエの修業をはじめ、スイスのショコラティエなどを経て、1964年から「ルノートル」、80年から「ラ・メゾン・デュ・ショコラ」に勤務。86年に独立開業し、91年に東京進出。

ボンボン・ショコラは常時26品。「新鮮な空気が適度に必要」というショーダンさんの考えから、ショーケースの扉は閉めていない。

チョコレートのオブジェは、動物や歴史的建造物などさまざまなテーマで制作。企業や美術館から注文を受けることも多いそう。自由の女神やツタンカーメン像などもある。

流行を追わず、ショコラティエの伝統的な仕事を貫く

　フランス・ロワール地方で生まれたミッシェル・ショーダンさんは、1961年、14歳のときに、地元のパティスリーで修業をはじめた。その後、絵を描くことが好きだったショーダンさんは、スイスのショコラティエでの修業時代に、技術と芸術性が発揮できるチョコレートの世界に魅せられたという。64年から16年間勤めた「ルノートル」では、オーナーシェフのガストン・ルノートル氏のもと、当時はまだ職人が少なかったチョコレートを担当。86年の独立開業後も、「ルノートルでの修業時代に学んだ技術とレシピを今も守り続けています」と語る。

　ショーダンさんのこだわりの一つが、クーベルチュールのブレンドだ。フランスでは10年ほど前から、1種類のカカオのみでつくる"グラン・クリュ"のチョコレートが登場し、注目されている。しかし、ショーダンさんは、ブレンドこそがショコラティエの伝統的な仕事であり、チョコレートづくりの醍醐味だと言う。

"グリュエ"を使った商品が大ヒット

　看板商品のボンボン・ショコラは約40品。そのうち常時26品を店頭に並べている。ビターチョコレートのガナッシュやパート・ダマンド入り、コーヒー風味のほか、マダガスカル産バニラを使う「バイア」も人気だ。「苦みと甘みが調和し、もっともおいしいと感じられるカカオ分に調整。62％を基準に、高くても70％にしています」とショーダンさん。アルコール入りのガナッシュには、アルコールの苦みを抑えるためにミルクチョコレートを少量加えるなど、組み合わせる素材の風味を考えてカカオ分を決めるという。

　「伝統的なボンボン・ショコラらしいデザインにも力を入れている」とショーダンさん。転写シートはほとんど使わず、組み合わせている素材を飾ったり、形を変えたりして1個1個変化をつけながら、シンプルで上品なデザインに仕上げている。

　代表作は1993年に発表した「コロンブ」。焙煎したカカオ豆"グリュエ（カカオニブ）"を使ったコイン形のチョコレートで、発表後は多くのチョコレートメーカーやショコラティエがグリュエを使った商品を発売した。また、石畳を模した「パヴェ」もスペシャリテ。東京店からのリクエストで91年に生まれた商品だという。店内にところ狭しと並ぶチョコレート製のオブジェにも注目だ。質感を見事に再現した作品は高い評価を得ている。

店の奥にある工房でつくったボンボン・ショコラは、チョコレートの保存に適しているというアルミニウム缶に入れ、工房に隣接する部屋で保管。随時売り場に補充する。

チョコレート製の電動ドリルは、工具メーカーからの特注品。素材の質感まで見事にチョコレートで再現した。

自分用に購入するお客が多いタブレットは、シンプルなパッケージで。

バイア
Bahia

マダガスカル産バニラを使ったガナッシュ入り。時間をかけて自然に乾燥させた、真っ白な結晶がついた最高品質のバニラビーンズを使う。ロゴ入りの転写シートは、イースター時期のみ使用している（€120.00／kg）。

パヴェ
Pavé

濃厚な生クリームとバターを使用し、パヴェ（石畳）をイメージして正方形にカット。ビターなカカオの香りとクリームのまろやかさが口の中で融合し、すっと溶けていく（32個入り€18.50）。

コロンブ
Colomb

シガー
Cigare

左／くだいたアーモンドとカカオニブを、カカオ分70％のビターチョコレートとミルクチョコレートに混ぜ、薄いコイン形に成形した（€110.00／kg）。右／手前の「シガー」（€6.00）は、ビターチョコレートとミルクチョコレートにヘーゼルナッツのプラリネを詰めている。奥のタバコ形のチョコレート（非売品）は、3つ星レストラン「ランブロワジー」から特注されて作製したものだそう。

ボンボン・ショコラ（€120.00／kg）。上から時計回りに、キャラメル風味のプラリネ、ピスタチオ風味のパート・ダマンド、スパイス入りガナッシュ、コニャック風味のガナッシュ、キャラメルのムース入り。中央はプラリネ・ヌガティーヌ。

かわいらしい動物のオブジェ。板チョコの上に、卵をかじるネズミの親子をのせた作品はイースター用に作製（€38.00）。

ベルギー発のチョコレートブランド
ピエール・マルコリーニ スクリーブ店
Pierre Marcolini Scribe

- 住所／3 rue Scribe 75009 Paris（Map A 162頁）
- 電話／01 44 71 03 74
- メトロ／Opéra
- 営業時間／10：00〜19：00、木曜 10：00〜20：00
- 定休日／日曜
- http://www.marcolini.com/

オペラ座からほど近いスクリーブ通りにあるパリ2号店。オスマン様式の建物に、黒い庇が印象的なシックな店構えだ。

シンプルでモダンな店内。壁を活用したディスプレー方法も個性的だ。

1995年にベルギー・ブリュッセルで開業した「ピエール・マルコリーニ」。2000年にブリュッセル郊外に工房を設立して独自のクーベルチュールづくりをスタート。カカオ豆の焙煎からチョコレートづくりを行なう数少ないショコラティエの一つだ。01年に日本、03年にパリに進出。現在7ヵ国に25店舗を展開している。農園ごとのカカオの特徴を生かしたボンボン・ショコラ「プラリーヌ」やタブレットのほか、マカロン、アイスクリーム、「カカオティー」なども製造。12年には東京でクーベルチュールのブランドも立ち上げている。

オーナーシェフのピエール・マルコリーニさん。パリの「フォション」やブリュッセルの「ヴィタメール」などを経て、1995年にブリュッセルで開業。パリ1号店は、2003年にセーヌ通りにオープン。13年にはバック通りに3号店がオープンしている。

右上／ショーケースに整然と並ぶ「プラリーヌ」。「おいしくエレガントに食べられる」小さめのサイズは、マルコリーニさんのこだわりの一つだ。右／正方形のタブレット「キャレ」は、カカオの個性を生かした"グラン・クリュ"や、プラリネ入り、砂糖不使用のものなどバラエティー豊か。

マンディアンやアマンド・ショコラ、オランジェットなどは、正方形のボックスに詰めて棚に陳列。

マカロンとコンフィチュールのショーケースは店内奥に設置。マカロンは、コーヒーやバニラ、キャラメル、スミレなどの定番に加え、月替わりのフレーバーも用意。

カカオ豆を自家焙煎し
唯一無二のチョコレートを提供

　ピエール・マルコリーニさんがオリジナルのクーベルチュールをつくりはじめたのは、開業してから約5年後。「市販品は、質はよいけれど、仕上がりの風味がどれも似てしまう。世界で唯一の味わいを提供するには、カカオ豆からこだわる必要があったんです」とマルコリーニさんは話す。

　カカオ豆は、国や地方だけでなく、カカオ農園という小さな単位で選ぶ。みずから農園に足を運び、豆の風味だけでなく、気候や土壌、水質、豆の乾燥や発酵の具合、生産者の思いなど、あらゆる点を確認し、納得してから直接契約する。現在は、ブラジルやベネズエラ、マダガスカルなど9ヵ国、14の農園と取引しているという。

　乾燥・発酵後のカカオ豆は、敷地面積2000㎡にもおよぶブリュッセル郊外の工房に送られ、マルコリーニさんと約45人の職人の手で加工されていく。まず、新鮮なカカオの風味を損なわないよう100℃以下の低温で約2時間焙煎。焙煎後は不純物をとり除き、ローラーで細かい粒子にして砂糖を混ぜ、粉砕機でさらになめらかにして、コンチングマシンで練り上げる。豆の特徴によって焙煎時間を変えるなど、理想の味わいを追求しているという。

　オリジナルのクーベルチュールでつくる定番商品は、約30品の「プラリーヌ」と9品の薄いプラリーヌ「パレ・ファン」、15品の正方形のタブレット「キャレ」、カカオ産地ごとの薄いチョコレート「サヴール・デュ・モンド」。看板商品のプラリーヌは、カカオ産地ごとの"グラン・クリュ"のほか、コーヒーとカルダモンを組み合わせたもの、4種類のスパイスを組み合わせたもの、サフランやアールグレイなど、個性的な風味も用意。また、フランボワーズ風味のガナッシュを入れた真っ赤なハート形や、プラリネ入りの真っ白なゴルフボール形など、かわいらしいデザインのものも人気だ。サイズは小さめで、1個あたり約6g。「もっともおいしいと感じられる大きさ」とマルコリーニさんは話す。コーティングは、クリーミーなガナッシュとのバランスを考えてやや厚めに仕上げているという。

クーベルチュールの新ブランドを展開

　「カカオ豆やチョコレートの製造方法について、もっと伝えていきたい」と言うマルコリーニさん。2013年にバック通りに開業したパリ3号店では、カカオ豆を内装に使い、キャラメリゼしたカカオニブ「エクラ・ド・カカオ」を発表。12年には東京でクーベルチュールのブランド「ブリュッセル・トレジャー」も立ち上げている。チョコレートづくりの原点を見つめながら、新たな世界に挑戦し続けるマルコリーニさん。ブリュッセル・トレジャーはパリでも展開予定だそう。

写真は、2013年に7区のバック通りにオープンした新店。カカオに関してより深く知ってもらいたいと、ふれたり、香りを感じたりできるように、随所にカカオ豆を飾っている。

ウィスキーとラム酒のチョコレート
Whiskies et Rhums Rares
4種のシングルモルトウィスキー（アベラワー、オーバン、アードベッグ、山崎）と2種のラム酒（トロワ・リヴィエール、シャレマル）入りのガナッシュを、それぞれ異なる風味のクーベルチュールで包んだ（€13.80）。

サヴール・デュ・モンド
Saveurs du Monde
産地ごとのカカオの特徴が楽しめる定番商品。ブラジル、エクアドル、トリニダード、ガーナ、ジャワ、ベネズエラ、マダガスカル、アフリカと南米カカオのブレンド（左上のロゴ入り）の計8種（€9.80）。

「プラリーヌ」は常時約30品（€125.00/kg）。右は上から「パート・ダマンド」「カライブ・グラン・クリュ」「マンゴー」「スミレ」。左は上から「ブラジル・グラン・クリュ」「バラ」「タイム＆オレンジ」「ゴルフボール」。

エクラ・ド・カカオ
Eclats de Cacao
2013年に発売。焙煎してキャラメリゼしたカカオ豆をくだいてカリッとした食感に仕上げた。チョコレートムースやアイスクリームのトッピングとしてもおすすめ（120g・€9.80）。

素材の風味を際立たせた味わいが魅力のマカロン。上から「パッションフルーツ」、シナモン風味のビスケット「スペキュロス」、「バラ」、ガナッシュを挟んだキャラメル風味の「パレオール」、「ピスタチオ」（1個€1.60）。

料理界の巨匠が立ち上げたショコラティエ
ル・ショコラ アラン・デュカス マニファクチュール・ア・パリ
Le Chocolat Alain Ducasse Manufacture à Paris

- 住所／40 rue de la Roquette 75011 Paris（Map C 166頁）
- 電話／01 48 05 82 86
- メトロ／Bastille
- 営業時間／10:30〜19:00
- 定休日／日・月曜
- https://www.alain-ducasse.com/fr/category/actualites/le-chocolat-alain-ducasse-manufacture-a-paris

　フランス料理界の巨匠といわれ、世界的に活躍するアラン・デュカスさんが、カカオ豆の仕入れから、焙煎、商品づくりまでを行なう工房を併設したチョコレート専門店を2013年にオープンした。デュカスさんは料理人だが、ガストン・ルノートル氏のもとで製菓を学んだ経験もあり、チョコレート専門店の開業は自然のなりゆきだったという。立地はパリ11区のバスティーユ広場そば。昔は職人の町として栄えた場所で、店舗も自動車の修理工場だった物件だ。

ロケット通りに面した入口。オランジュリー（温室）用の鉄の柵を飾っている。

自動車修理工場だった物件をチョコレート製造所に改装。鉄材を多用した男性的な空間だ。写真右の窓から製造風景が見える。

左／ボンボン・ショコラは、種類ごとに金縁のシャープな箱に並べて中央のショーケースに陳列。セット販売のみ。上／アンティークの棚には、ジッパー付きの袋に入れたタブレットを陳列。デュカスさんのコレクションの型なども飾る。

素材感のあるナチュラルな包材。ハンドバッグをイメージした箱も。

左／タブレットを製造中。お客は、売り場と工房の間に設けた窓から製造風景を眺められる。上／焙煎機はコーヒー用の20kg釜を活用。アーモンドの選別機や化粧品用の粉砕機など、さまざまな機械を駆使して自家製のチョコレートをつくっている。

売り場に隣接した工房で
職人が全商品を手づくりする

　世界的にも有名な料理人、アラン・デュカスさんが2013年にオープンしたチョコレート専門店「ル・ショコラ アラン・デュカス マニファクチュール・ア・パリ」が話題を呼んでいる。同店のコンセプトは、"マニファクチュール（製造所）"。直訳すると"手仕事"を意味する。「チョコレートの注目度がいっそう高まりつつある今、チョコレートがどのようにつくられ、消費者の手にわたるのか、その流れを伝えることが大切だと考えました」とデュカスさん。

　同店の最大の特徴は、店舗併設の工房で、カカオ豆の焙煎から商品づくりまで一貫して行なっていること。店舗は320㎡。工房と売り場との間に窓を設置し、カカオ豆の焙煎や精錬などの製造風景を売り場からも眺められるつくりにした。「製造現場とお客さまをつなぎ、味わいだけでなく、ものづくりの醍醐味や面白みも分かち合いたい」と語る。

フランス国立銀行で使われていた机を活用したショーケースが印象的。デュカスさんはアンティーク品の蒐集家でもある。

13種のカカオ豆でクーベルチュールを製造

　チョコレート専門店開業のプロジェクトはオープンの約2年前から始動。しかし、デュカスさんは、5年ほど前から青写真を描いていたという。「機器類は吟味しながら徐々に集めていきました」とデュカスさん。焙煎機はコーヒー用、皮をとり除く分離機はコンフィズリーをつくる際に使われていたアーモンド用、グラインダーはマスタード用、粉砕機は化粧品製造に使われていたものというように、少量生産に対応できる機器類を組み合わせている。

　一方、アンティーク品の蒐集家でもあるデュカスさんのセンスが光る空間づくりにも注目だ。売り場の中央には、第二次世界大戦前にフランス国立銀行で使われていた机を活用したショーケースを配置。このほか、軍用船で使われていた照明器具やアンティークの棚を配するなど、重厚感と品を併せもつ店づくりが特徴だ。

　商品はボンボン・ショコラ約25品とタブレット44品が主力。原産国の異なる13種のカカオ豆を使い、それぞれの豆の個性を生かした商品づくりに力を入れている。また、チョコレートの起源をイメージした、アステカ文明を連想させるタブレットのデザインや、チョコレートの質の高さを際立たせるためナチュラルかつシンプルに仕上げたパッケージなど、同店には既存のショコラティエにはないユニークなアイデアがあふれている。

ペルー産カカオでつくるカカオ分75％のもの（右・€7.00）や、ココナッツとパッションフルーツ風味のプラリネ入り（左・€14.00）など、タブレットは44品をラインアップ。アステカ文明を連想させるユニークなデザインにも注目。

原産国別のカカオを使ったガナッシュ入りのボンボン・ショコラ（230g・€35.00）。口あたりにこだわり、薄い形状に仕上げている。左上から時計回りに、マダガスカル産、ジャワ産、ベネズエラ産、ペルー産。中央はトリニダード産。

濃厚でこうばしいプラリネは厚みのある形に（260g・€30.00）。奥はピスタチオ。中央は、左からココナッツ、ピーナッツ、ヘーゼルナッツ＆アーモンド。手前は、アーモンドプラリネ入りのビターとミルクチョコレートのロシェ。

タブレット・ド・ショコラ・オ・ザマンド・キャラメリゼ
Tablette de Chocolat aux Amandes Caramélisées

キャラメリゼしたイタリア産アーモンドをごろごろのせたタブレット（€10.00）。カリッとした食感とこうばしさが魅力だ。ピスタチオや松の実入りなどもそろえている。

133

「ラデュレ」のチョコレート専門店
レ・マルキ・ド・ラデュレ
Les Marquis de Ladurée

- 住所／14 rue de Castiglione 75001 Paris
  (Map A 162頁)
- 電話／01 42 60 86 92
- メトロ／Tuileries
- 営業時間／10:00〜19:30、土曜 9:30〜19:30
- 定休日／日曜
- http://marquis.laduree.com/

　1862年に創業し、洗練された店づくりと商品で日本でも人気の「ラデュレ」が、2012年12月にチョコレート専門店「レ・マルキ・ド・ラデュレ」をオープン。同店のオープンは、チョコレート愛好家でもあるラデュレのオーナー、ダヴィッド・オルデー氏の長年の夢だったという。優美な装飾を施した化粧漆喰の壁や豪華なシャンデリアを配した店内には、チョコレートを使った美しい商品を陳列。パステルカラーを多用したフェミニンな雰囲気のラデュレとは異なる、シックで男性的な店づくりも話題を呼んでいる。

ボンボン・ショコラは約40品。
段差をつけて美しく陳列する。

男性の"エレガントさ"を表現したという店内。シャンデリアはイタリア・ベネチアの宮殿で使われていた18世紀のもの。

ヴァンドーム広場やチュイルリー公園にほど近い、高級ブティックやホテルなどが軒を連ねるアーケードの一角に立地する。

上／パティスリーは5〜6品を用意。すべてチョコレートを使用している。右／随所に飾られたチョコレート風味のマカロンのピエスモンテ。

既存店にはない
オリジナル商品を展開

　創業から150余年の歴史をもつパティスリー「ラデュレ」。複数の飲食店を展開するオルデー・グループが経営を引き継いだ1993年以降は、パティスリーのほか、雑貨の「スクレ・ド・ラデュレ」や化粧品の「レ・メルヴェイユーズ・ド・ラデュレ」などの展開もはじめ、現在は世界25ヵ国に50店舗以上を展開。そんな世界的なブランドに成長したラデュレが、2012年12月にチョコレート専門の新ブランド「レ・マルキ・ド・ラデュレ」をオープンした。

　立地は、パリ1区のヴァンドーム広場のすぐそば、高級ブティックやホテルが軒を連ねるカスティグリオン通りの一角。パステルカラーを多用したガーリーでフェミニンな雰囲気のラデュレに対し、レ・マルキ・ド・ラデュレは、店名に「マルキ（侯爵）」とあるように、洗練された優美な男性の魅力をイメージしたそう。ヨーロッパで多く見られるアカンサスの葉をデザインした化粧漆喰の壁、オフホワイトの大理石の床、イタリア・ムラノガラスの豪華なシャンデリアなど、店内に一歩足を踏み入れると、まるで18世紀の侯爵邸のような、シックでエレガントな空間が広がっている。

高級感のあるパッケージも魅力

　商品は、ボンボン・ショコラ約40品のほか、タブレット、ブシェ、マンディアンやマカロン、チョコレート入りのコンフィチュールなどをラインアップ。さらに、チョコレートを使ったパティスリーやパン・オ・ショコラなども用意しており、ほとんどが既存のラデュレでは提供していない同店のオリジナルだ。

　商品の美しさもさることながら、かわいらしいパッケージにも定評のあるラデュレ。同店でもコンセプトに合わせ、落ち着いたブルーグレーをテーマカラーに、金色や紫、バラ色などを使ってシックながら華やかなオリジナルのパッケージを豊富にそろえている。さらに同店の魅力の一つとなっているのが、店内の一角で毎週土曜に開催される製菓のデモンストレーション。定員は毎回5〜6人で、シェフパティシエやシェフショコラティエが講師を務めている。

　日本では、13年1月に東京で開催されたチョコレートの見本市「サロン・デュ・ショコラ」への出店を皮切りに販売を開始。一部の商品を既存のラデュレでとり扱っている。

入口を入って右手奥に、パティスリーの仕上げ作業などを行なう作業台を配置。毎週土曜には、シェフが講師を務めるデモンストレーションを開催。

タブレット
Les Tablettes

奥はビターチョコレートにカカオニブを、手前はミルクチョコレートにナッツとフルーツコンフィをトッピングしたタブレット（各€9.00）。

プチ・カレ・プリューム
Petit Carré Plume

フルーティーな酸味が特徴のガナッシュ入り。商品名にある「プリューム」はフランス語で羽の意味で、表面に羽をデザインしている（€17.00）。

キャメ・ショコラ・マルキーズ
Camées Chocolat Marquise

マルキ（侯爵）とマルキーズ（侯爵夫人）の横顔をデザインした、ガナッシュ入りのチョコレートは、バニラ、シナモン、スミレ、バラなどさまざまなフレーバーを用意。好みの味を詰め合わせることができる（24個入り€25.00）。

オランジェット
Orangettes

シトロネット
Citronettes

ジャンジャンブレット
Gingembrettes

奥から、チョコレートでコーティングしたオレンジ、レモン、ショウガのコンフィ。オレンジとショウガにはフルーティーな香りのビターチョコレートを、ほんのり苦いレモンにはやさしい甘みのミルクチョコレートを使う（各€23.00）。

アンコンパラーブル *Incomparables*

ピスタチオ、ヴェルヴェーヌ、パッションフルーツ、コーヒー、マロン、キャラメルの6つのボンボン・ショコラの詰合せ（€21.00）。

ショコラ・マカロン *Chocolats Macarons*

チョコレートやココナッツ風味のマカロン生地に、柑橘類やバラ、ピスタチオなどの風味のガナッシュをのせ、チョコレートでコーティング（4個入り€12.00）。

ヌガー・ショコラ
Nougat Chocolat

カカオ風味の濃厚なヌガーに、コルシカ産のフルーツでつくるコンフィやナッツがぎっしり（€10.00）。

キャラメルとチョコレートの2つの顔
アンリ・ルルー
サン・ジェルマン店
Henri Le Roux Saint Germain

- 住所／1 rue de Bourbon le Château 75006 Paris（Map B 165頁）
- 電話／01 82 28 49 80
- メトロ／St-Germain des Prés、Mabillon、Odéon
- 営業時間／11:00〜19:30
- 定休日／無休
- http://chocolatleroux.com/

サン・ジェルマン・デ・プレ地区に立地。写真の奥がキャラメル、手前がチョコレートの空間。

チョコレートの売り場は茶色で統一。タブレットを模した壁、ルルーさんの故郷ブルターニュの旗になぞらえた白と黒のドア、ブルターニュ地方のポン・ラベの民族衣装をイメージしたオレンジ色で、個性的な空間に。

「アンリ・ルルー」がブルターニュ地方の港町キブロンで創業したのは、1977年。ショコラティエであり、キャラメリエ（キャラメル職人）でもあるアンリ・ルルーさんが創業と同時に発表した、ブルターニュ地方特産の有塩バターを使う「キャラメル・ブール・サレ」は、今や同店を代表する商品だ。2011年にオープンしたパリ1号店では、キャラメルとチョコレートのそれぞれの世界観を表現するため、雰囲気の異なる2つの空間をつくることに。ユニークな店づくりにも注目だ。

ボンボン・ショコラは約40品をラインアップ。

客層は近隣の住民や会社員、観光客などさまざま。ブルターニュ地方出身者も多いそう。

店内でチョコレートとキャラメルのエリアを行き来できるつくりに。キャラメルのエリアは、白を基調に、白木やオレンジ色を使った明るい雰囲気だ。キャラメルのほか、コンフィチュールや焼き菓子などもそろえる。

左/キャラメルは常時10品前後をラインアップ。右/パート・ド・フリュイは、マンゴーや野イチゴなど17品を用意。

139

看板商品の塩キャラメルのほか
チョコレートも高い評価を獲得

　1977年、フランス北西部のブルターニュ地方にある小さな港町、キブロンで創業した「アンリ・ルルー」。ブルターニュ地方特産の有塩バターを使った「キャラメル・ブール・サレ (C.B.S.)」が看板商品として知られているが、一方でチョコレートも高い評価を得ており、2003年には権威あるチョコレート愛好家団体C.C.C.の最高評価である"5タブレット"を獲得し、世界にその名をとどろかせた。

　ルルーさんは10年に引退したが、06年に㈱ヨックモックが買収した経営母体のルルー サール社がルルーさんのエスプリを引き継ぎ、新たな挑戦を続けている。08年には、ブルターニュ地方に広大な工房を開設し、より安定したクオリティーの商品が製造可能に。そして、11年12月にサン・ジェルマン・デ・プレ地区にパリ1号店をオープン。店舗は、チョコレートとキャラメルの売り場を分け、チョコレート売り場は茶色を基調としたシックな空間に、キャラメル売り場は白を基調とした明るい空間にとまったく雰囲気の異なる内装にして、それぞれの世界観を表現した。

ブルターニュと日本の文化を融合

　サン・ジェルマン店の商品構成は、キブロンの本店と同じだ。キャラメルは、一番人気の「C.B.S.」やユズ抹茶風味など、季節商品を含めて常時10品前後をラインアップ。キャラメルのほか、フロランタンなどの焼き菓子やコンフィチュールも用意している。

　チョコレートも、ボンボン・ショコラが約40品、タブレット25品と品ぞろえは豊富。ほうじ茶風味のボンボン・ショコラ「アンナ」や、乾燥させてパウダー状にしたユズを混ぜ込んだ抹茶のタブレットなど、日本の素材を積極的に活用しているのが特徴だ。その一方で、シードルでつくる蒸留酒ランビッグ入りのキャラメルをとじ込めたボンボン・ショコラなど、ブルターニュの地方色を打ち出した商品も提供。日本とブルターニュという異文化の融合をブランドの個性として打ち出している。

　また、サン・ジェルマン店ではイートインスペースを付帯しており、日本茶とキャラメルやボンボン・ショコラのマリアージュを提案。オリジナリティーあふれる新商品や和の素材を身近に感じてもらえるサービスを実施し、好評を得ている。

店舗責任者のセシリーヌ・エプロンさんもブルターニュ地方のキブロン出身。

ペー・アー・アー
P.A.A.

セシュアン
Szechuan

シュトゥ
Ch'tou

オテロ
Othello

個性的な味わいのボンボン・ショコラ（€100.00／kg）。上から時計回りに、「ペー・アー・アー」はアーモンドのプラリネ入り。山椒風味のガナッシュとヌガティーヌを組み合わせた「セシュアン」。アーモンドのキャラメリゼにジャンドゥージャを絞った「オテロ」。「シュトゥ」はシードルからつくる蒸留酒ランビッグを加えたキャラメル入り。

クレープダンテル入りミルクチョコレート
Chocolat Lait Brisures de Crêpes Dentelle

ユズと抹茶のミニタブレット
La Mini Tablette Yuzu Macha

上は、薄焼きのクレープをくだいてミルクチョコレートに加えたタブレット（€6.50）。下は、ユズを混ぜ込んだ抹茶風味（€4.00）。

フロランタン
Florentin

フロランタンは、有塩バターキャラメル風味の「C.B.S.」（手前）や、ソバ粉風味（奥）などオリジナリティーのある味も（各€3.80）。キャラメルは、チョコレート味も人気（€76.00／kg）。カカオパウダーではなく、チョコレートを加えて濃厚な風味に。

チョコレートとオレンジのキャラメル
Caramel Chocolat Orange

約13cm角の正方形のコフレ（箱）はパリ店限定。好みのフレーバーを選ぶことができる（キャラメル約15個入り€13.00）。ギフトとしても好評だ。

窓際にイートイン用のカウンター席を配置。コーヒーや玄米茶、ユズ抹茶などのドリンクには、好みで選べるボンボン・ショコラかキャラメルが3品付く（写真はほうじ茶で€7.30）。

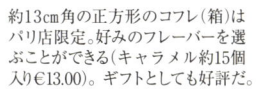

141

新感覚のチョコレート＆マカロン
クリストフ・ルセル デュオ クレアティフ アヴェック ジュリ
Christophe Roussel duo créatif avec Julie

- 住所／5 rue Tardieu 75018 Paris（Map H 167頁）
- 電話／01 42 58 91 01
- メトロ／Abbesses, Anvers
- 営業時間／10:15〜19:30、土・日曜 10:15〜20:00
- 定休日／無休
- http://www.christophe-roussel.fr/

つねに観光客でにぎわうモンマルトルのサクレ・クール寺院の近くに立地。

ブルターニュ地方のラ・ブールとゲランドでパティスリー＆ショコラティエを経営するクリストフ・ルセルさんがパリに進出したのは2009年のこと。チョコレートとマカロンの専門店を7区に開業し（現在閉店）、すぐにパリの人気店の仲間入りをはたした。それから2年を経た11年5月、18区に「クリストフ・ルセル デュオ クレアティフ アヴェック ジュリ」をオープン。店内には、食の香りの専門家、ジュリ・オモンさんと開発した同店限定のボンボン・ショコラや個性的な風味のマカロンなど、新感覚の商品があふれている。

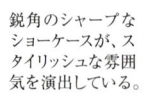

鋭角のシャープなショーケースが、スタイリッシュな雰囲気を演出している。

壁の模様は、ルセルさんとオモンさんが大好きな場所だという、東京・渋谷の街を撮影してグラフィック化したもの。ポップな内装が斬新。

オーナーシェフのクリストフ・ルセルさん（右）は、ブルターニュ生まれ。ラ・ブールとゲランドにパティスリー＆ショコラティエを構え、2009年にパリに出店。ジュリ・オモンさん（左）は、食に関する香りの専門家。

上／ショーケースに整然と並ぶボンボン・ショコラ。モンマルトルの丘をイメージしたフォルムは同店限定販売。右／壁の棚には、箱に詰めたアマンド・ショコラや袋入りのマンディアンなどを陳列。カラフルなパッケージも好評だ。

色鮮やかでエレクトリック、コンテンポラリーな店づくり

モンマルトルの丘に建つサクレ・クール寺院の近くに2011年、ブルターニュ出身のショコラティエ、クリストフ・ルセルさんが「クリストフ・ルセル デュオ クレアティフ アヴェック ジュリ」をオープンした。

店に入ってまず驚くのが、その内装。壁に貼られたグラフィカルな写真や、美しい曲線の柱、シャープなデザインのショーケースなど、既存のパティスリーやショコラティエとは一線を画したデザインだ。「色鮮やかでエレクトリック、コンテンポラリーなイメージがテーマです」とルセルさん。内装や商品を含めた店づくりは、香りの専門学校を卒業し、食品開発の専門家でもあるジュリ・オモンさんと共同で行なったそう。店名にもオモンさんの名前を掲げ、2人のクリエイティブなアイデアを集結させている。

新しさや楽しさ、驚きを表現

内装に表現された2人の斬新なイメージと独創的なアイデアは商品にも反映されている。なかでも、同店が立地するモンマルトルの丘をイメージしたボンボン・ショコラ「レ・プチット・ビュット・ド・モンマルトル」と、パティスリーの要素をとり入れたチョコレート菓子「エレクトロショック」は、2人のアイデアが詰まった同店オリジナル商品だ。

レ・プチット・ビュット・ド・モンマルトルは計12品。「モンマルトルの小さな丘」を意味するこのボンボン・ショコラは、「形、色、味のすべてにおいて、今までにないものを」と、ルセルさんがオモンさんと研究を重ねて開発した自信作。ベネズエラ産カカオのガナッシュやプラリネなどのシンプルな味わいに加え、フランボワーズ風味のガナッシュとパート・ド・フリュイを層にしたものや、ココナッツ風味のプラリネにパチパチとはじける砂糖を組み合わせたものなど、個性的なフレーバーを用意している。

エレクトロショックは、ガナッシュやプラリネにビスキュイやパート・ド・フリュイ、ギモーヴなどを組み合わせ、フィンガーフードをイメージしてスティック状に仕上げた人気商品。スナック感覚で気軽に楽しめる点も人気の理由の一つだ。このほか、唇をモチーフにしたボンボン・ショコラや、タブレット、マカロン、マンディアン、アマンド・ショコラなどもラインアップ。はっと目をひくスタイリッシュなデザインのパッケージにも注目だ。

ユニークな内装も、同店の魅力の一つ。"チョコレートの本棚"と名づけた棚には、32品のタブレットを、まるで本のようにディスプレーしている。

マカロン（€65.00／kg）は16品前後を用意。パッションフルーツ＆エストラゴン、ラベンダー＆アプリコット、モヒートといったユニークな風味もそろえる。

エレクトロショック
Electro'choc

フランボワーズのガナッシュ＆ギモーヴ＆ビスキュイ、ショウガのガナッシュ＆ビスキュイ・オ・ショコラ＆パッションフルーツのパート・ド・フリュイなど、コンフィズリーや生菓子のパーツをとり入れたスティック状のチョコレート菓子。同店限定商品（€2.50）。

タブレットは32品（€5.00～7.00）。エクアドルやタンザニアなどカカオの産地別商品のほか、アーモンドやオレンジコンフィを使ったものも用意。エッフェル塔をデザインしたパッケージがかわいらしい。

レ・プチット・ビュット・ド・モンマルトル
Les Petites Buttes de Montmartre

唇形のボンボン・ショコラは、各店で人気の看板商品。フランボワーズのガナッシュ、塩バターキャラメルのガナッシュ、ユズのガナッシュの3品をそろえる。ロンドンのパッケージコンクールで高い評価を得たボックスも好評だ（12個入り€20.00）。

キシーズ・フロム…
Kisses from…

モンマルトルの丘をモチーフにした、同店オリジナルのボンボン・ショコラ（1個€1.00～）。ごく薄くチョコレートでコーティングすることで、カリッとした軽やかな食感を表現している。アールグレイのガナッシュ＆オレンジのパート・ド・フリュイ、とろりと流れ出るゲランドの塩入りキャラメルなど、個性あふれる味わいに仕上げた。12個セットは€12.00。パッケージにはエッフェル塔などのパリの観光地とマカロンなどの菓子をデザイン。ふたの裏に味の解説を貼り付けている。

145

パリでもっとも古いコンフィズリー

ア・ラ・メール・ド・ファミーユ
フォブール・モンマルトル店

A la Mère de Famille Faubourg Montmartre

- 住所／33 et 35 rue du Faubourg Montmartre 75009 Paris（Map A 163頁）
- 電話／01 47 70 83 69
- メトロ／Le Peletier
- 営業時間／9:30～20:00、日曜 10:00～13:00
- 定休日／無休
- http://www.lameredefamille.com/

店舗は1900年代の建物で、パリの歴史的建造物に指定されている。20世紀初頭のタイルや棚がクラシックな雰囲気を醸し出している。

砂糖菓子やチョコレート菓子など1000品以上もの豊富なアイテム数を誇るパリの老舗コンフィズリー「ア・ラ・メール・ド・ファミーユ」。その歴史は長く、創業は1761年。ルイ15世がフランスを統治していた時代までさかのぼる。現在は、パリ9区に構える本店を含め10店舗を展開。とりわけ本店は、美しいタイル張りの床や大理石をのせた陳列台など歴史を感じさせる空間も魅力の一つで、パリ市民はもとより、多くの観光客も訪れる有名店として知られている。

パリ9区にある本店。黒とグリーンの外観は、まさに古きよきパリのイメージそのまま。

昔の切符売り場のようなガラス張りの個室がレジ。

透明の容器や袋に入れられたカラフルな商品がところ狭しと並ぶ様子は圧巻。詰合せやあらかじめパッケージしてリボンをかけた商品がある一方、キャラメルやアメ、カリソンなど一つから購入できる商品も豊富にそろえている。

チョコレートも種類が豊富。チョコレートはロワール地方のトゥールにある工房で製造している。

147

アイテム数は1000以上！
自家製商品の製造に注力

　パリ9区のフォブール・モンマルトル通りに本店を構え、パリに9店舗を展開する「ア・ラ・メール・ド・ファミーユ」は、1761年に創業したパリでもっとも古いコンフィズリーだ。1900年に改装した本店は、現在もその当時の内外装を残しており、古きよきパリの店の雰囲気を醸し出している。創業以来、多くの経営者やコンフィズール（砂糖菓子職人）に引き継がれてきたが、つねに家族経営で店が守られ、いつの時代も高い評判を保ってきた。2000年に店を引き継いだのは、パリ郊外でコンフィズリーを経営し、同店に商品を卸していたエチエンヌ・ドルフィさん。同店買収後は、長男のスティーヴさんを含む3人の子どもたちと一緒に、家族で経営している。

オリジナル商品も積極的に開発

　ドルフィ家が経営を引き継ぐ前の同店は、フランス各地の銘菓をそろえるセレクトショップとしての色が強く、自家製の商品はほとんどなかった。そこでコンフィズールでもあるエチエンヌさんは、改革の一つとして自家製の商品の製造販売に着手し、コンフィズリーとしての評判により磨きをかけることをめざした。現在は、本店脇とパリ近郊に加え、ロワールとバスク、プロヴァンスに工房を所有。60人ほどの職人が伝統菓子を製造している。

1761年創業の本店は、観光客だけでなく、パリの人々にとっても特別な存在。

パリ郊外で約30年間コンフィズリーを経営してきたエチエンヌ・ドルフィさん（右）が、「ア・ラ・メール・ド・ファミーユ」に商品を卸していた縁もあり、2000年に同店の経営を引き継いでオーナーに。息子のスティーヴさん（左）と娘2人も経営に参加する。

　店に並ぶ商品数は1000以上。定番菓子でも豊富なバリエーションをそろえることで他店を圧倒する。たとえば、カリソンは、パート・ダマンドにメロンのコンフィをペーストにして加えるのが一般的だが、そのほかにもレモンやプラム、フランボワーズ、カシスなど豊富な風味をラインアップ。キャラメルは、唐辛子やチョコレート＆ミント、ヌガー入りのフランボワーズ風味など、スパイスやハーブを用いたり、2つの素材を組み合わせたりすることで新たな味を生み出している。

　一方で、オリジナリティーを前面に打ち出した商品の開発にも注力。たとえば、パレと呼ばれるひと口サイズの円盤形チョコレートで、フランボワーズやレモン、キャラメルなどの風味をつけたガナッシュやクリームを挟んだ「パレ・ド・モンマルトル」。フランス語で「モンマルトルのパレ」という意味で、本店のある通りの名前を入れることでオリジナルの商品であることを強調している。09年にはアイスクリームの販売をはじめ、11年にはパート・ド・フリュイやカリソンなどを使った棒付きアイスクリームも発売。コンフィズリーを混ぜ込んだケーキなども販売し、人気を博している。

フォリ・ド・レキュルイユ
Folies de l'Ecureuil

キャラメル
Caramels

「フォリ・ド・レキュルイユ」（€9.00）は、ヘーゼルナッツをローストしてキャラメリゼし、チョコレートでコーティングした同店のスペシャリテ。カリッとした食感が人気。キャラメルの詰合せは、ミント＆チョコレート、バニラ風味の塩キャラメル、ヌガーを入れたチョコレートやフランボワーズ風味など、バリエーション豊か（€12.50）。

カリス
Calissous

パニエ・ド・パート・ダマンド
Panier de Pâte d'Amande

写真奥は、メロンのコンフィを混ぜた一般的な風味のほか、カシスやオレンジ、フランボワーズなど多彩な風味がそろうカリソン（€12.00）。色合いも鮮やか。手前はパート・ダマンドで、写真のフルーツのほか、パンやチーズをかたどったものなどデザインは豊富。クリスマスなどのイベント時には限定商品も登場する（€19.50）。

パレ・ド・モンマルトル
Palais de Montmartre

ブシェ
Bouchée

「パレ・ド・モンマルトル」（€22.00）は、パリッとした歯ざわりの円盤形のチョコレートで、フランボワーズやキャラメル風味のガナッシュやヌガティーヌのクリームを挟んだ。「ブシェ」（各€3.00）は、ボンボン・ショコラ3つ分の大きさ。写真のゴマ入りやピスタチオ入りなど、計17品をラインアップする。

アメ
Bonbons

ギモーヴ
Guimauves

写真のアメは、スミレ風味の「バイオレット」と、「オレンジとレモンのトランシュ」（各€4.50）。「トランシュ」はフランス語で「房」の意味。かわいらしい形にも注目。ギモーヴは、洋ナシ、ブルーベリー、レモン、スミレ、バラ、ヒナゲシ、アニス、オレンジ花水などの風味を詰め合わせた（€6.50）。やさしい色合いも魅力的。

徹底した手づくりで伝統の味を守る

フーケ モンテーニュ店
Fouquet Montaigne

- 住所／22 rue François 1er 75008 Paris（Map A 162頁）
- 電話／01 47 23 30 36
- メトロ／Franklin D. Roosevelt、Alma Marceau
- 営業時間／10:00～19:20
- 定休日／日曜・祝日
- http://www.fouquet.fr/

現在パリに2店舗を構える「フーケ」は、1852年に創業した老舗コンフィズリー。1900年にシャンボー家が経営を引き継ぎ、現在は4代目となるカトリーヌさんとフレデリックさん姉弟が店を切り盛りしている。昔ながらの伝統製法でつくる豊富なコンフィズリーが魅力で、創業160年を超える今も伝統のレシピを忠実に守り、9区にある本店に併設する工房で4人の職人が毎日ていねいに商品を手づくりしている。時代を経ても変わらない昔ながらの味を求めて代々通うファンも多い。

8区に立地する2号店。目の前はシャネルのブティック。高級店が多いエリアだ。

落ち着いた雰囲気の店内に約300品のコンフィズリーを陳列。さまざまなシーンに対応できるようギフトパッケージの種類も充実させている。

左／大小異なる箱や缶に詰め合わせたボンボン・ショコラ。ギフトに購入するお客が多い。上／アプリコットやプラム、ブルーベリーなどのジャムやハチミツも販売。

右／湿気を防ぐため、アメやコンフィは瓶詰めで提供するのが基本。下左／ラムレーズンやショウガなど個性的な風味もそろえる種類豊富なキャラメル。引き出し式の文具用ケースを活用。下右／パステルカラーのドラジェなども販売。

本店に併設する工房でヘーゼルナッツのプラリネを製造中。厳選した素材を使い、徹底した手づくりを貫いている。

ほんのり酸味のあるアメ「ボンボン・アシデュレ」はガラス容器に入れて陳列。カラフルで透明感のある色合いは、内装のアクセントにもなっている。

厳選した素材を使い、厳格にレシピを守ることで生まれる上質なおいしさ

「フーケ」では創業以来、厳選した素材を使い、職人が一つひとつていねいに手づくりするという昔ながらの姿勢を貫く。たとえば、クリスマスの時期になるととぶように売れるマロン・グラッセ。アルデッシュ地方やイタリア・トリノの専門店から完成形を仕入れる店が多いのに対し、同店では自家製にこだわる。イタリア・トリノに、オーナーのカトリーヌ・ヴァズ＝シャンボーさんがみずから出向き、最高級のマロン・コンフィを厳選。ほのかにバニラが香るシロップに浸して砂糖の膜をまとわせた自家製マロン・グラッセは、1粒 約4ユーロ。その価格にもかかわらず注文が殺到するのは、その品質の高さからだろう。

素材へのこだわりは、サクランボにも見ることができる。毎年初夏になると、サクランボの生産地として知られるモンモランシーの小規模生産者から1年分のサクランボを仕入れている。仕入れ量は例年200kgほどで、その年のでき具合によって変わるという。それらを使い、クリスタルシュガーをまぶしたセミ・コンフィ「クリスタル・フルーツ」とアルコール漬けをつくるが、別の生産者からサクランボを追加で仕入れることはしないため、売り切れたら来年の時季まで販売しないそうだ。

ナッツの皮も手で一つひとつむく

また、ナッツ類は、すでに皮がむかれているものを仕入れるのが一般的だが、皮をむく作業に薬品を使うことが多いことから、安全面と品質面を重視する同店では、皮付きのナッツを仕入れ、職人たちが一つひとつ皮をむいている。そうしたナッツでつくるプラリネも昔ながらの製造方法を守る。効率化を図ってナッツをしっかりローストしてからシロップにからませる製法をとる店が増えるなか、同店では、銅鍋を使って30分間ゆっくりと混ぜ続けながらシロップをナッツにからませ、じっくり火をとおす。こうした手間と時間がかかる作業をていねいに行なうことで、香り高く上品なナッツの風味を引き出している。

「コンフィズリーはシンプルだからこそ、素材の質とていねいな製造方法が重要になります」と、カトリーヌさんとフレデリックさん姉弟は話す。最近では、さらなるギフト需要のとり込みをねらって、さまざまな色合いの缶をはじめ、モダンな印象のパッケージを採用するなど、新たなとり組みも行なっている。「砂糖が高価だった時代は高級品だったコンフィズリーは、徐々に子どもの駄菓子というイメージが強くなっていきました。しかし、最近は高級感を演出したコンフィズリーも増え、ふたたび注目されつつあります。より多くの方にその魅力を再認識してもらえる機会を増やそうと、パッケージの種類を増やしました。一方、商品づくりへの姿勢は変えず、これからも変わらぬ伝統の味を提供していきます」。

代々にわたって訪れる常連客も多い。

オーナーのカトリーヌ・ヴァズ＝シャンボーさん(右)と、弟のフレデリック・シャンボーさん(左)。1900年にシャンボー家が経営を引き継いでから、現在で4代目となる。

クリスタル・フルーツ
Fruits Cristals

アルコール漬けの サクランボ
Cerise à l'Eau de Vie

左／フルーツなどをセミ・コンフィにしてクリスタルシュガーをまぶしたスペシャリテ(小€17.00、大€30.00)。右／毎年初夏にモンモランシーの生産者から仕入れる上質なサクランボで製造。写真は小サイズ(€10.00)。大(€84.00)もある。

ボンボン・アシデュレ
Bonbons Acidulés

フランス語で「すっぱいアメ」を意味する「ボンボン・アシデュレ」は、オレンジ、レモン、カシスなど約10品をラインアップ(各€90.00／kg)。

サルヴァトール
Salvatores

バニラ、チョコレートの2種のキャラメルと、ヘーゼルナッツやクルミなどのナッツのアメがけ(€104.00／kg)。琥珀のような透明感が印象的。

フォンダン・アロマティック
Fondants Aromatiques

レモン、オレンジ、スミレなど約10種類のフレーバーを用意。伝統的な円形のほか、花形なども製造している。チョコレートでおおったミント風味も人気(手前€45.00、奥€55.00)。

アーモンド入り ミルクチョコレート
Tablette Amandes Lait

ヘーゼルナッツ入り ブラックチョコレート
Tablette Noisettes Noir

ローストしたアーモンドとヘーゼルナッツがこうばしいタブレット(各€7.00)。ナッツは皮付きのまま仕入れ、手で一つひとつむいている。

パート・ド・フリュイ
Pâte de Fruits

「フォンダン・アロマティック」と同じ型でつくる丸い形が特徴。風味はパイナップルやカシス、フランボワーズ、イチゴなどをそろえる(箱入り€17.00〜)。

老舗が提案する"高級コンフィズリー"
ラ・メゾン・ドゥ・ラ・プラリーヌ・マゼ
La Maison de la Prasline Mazet

- 住所／37 rue des Archives 75004 Paris（Map C 166頁）
- 電話／01 44 05 18 08
- メトロ／Rambuteau
- 営業時間／10:00～19:00、日曜 11:00～19:00
- 定休日／無休
- http://www.mazetconfiseur.com/

マレ地区のにぎやかな商店街に立地。ブランドカラーの黄色の外観がひと際目立つ。

店舗は45㎡。天井や壁、床には、金箔を使ってマゼ家の紋章やフランス王権の象徴でもあるユリの花などが描かれている。本店の内装を忠実に再現し、天井の梁にも美しい装飾を施した。

パリ・マレ地区に、2012年、鮮やかな黄色の外観がひと際目をひく「ラ・メゾン・ドゥ・ラ・プラリーヌ・マゼ」がオープンした。同店は、サントル地方モンタルジーに本店をもつ老舗コンフィズリーで、ローストしたナッツにキャラメルがけしたプラリーヌがスペシャリテだ。"伝統の継承と未来への展望"をコンセプトに掲げた新店には、17世紀からつくり続けてきたプラリーヌやボンボン・ショコラのほか、プラリーヌをベースにしたオリジナル商品の数々を並べ、"高級なコンフィズリー"を提案している。

左／ショーケースには、ボンボン・ショコラやマカロンなどを陳列。右／ユズやサクランボなどの風味をつけたプラリーヌは試食可能。ギフト用にあらかじめ包装した商品も用意。

店内は、木製家具やタイルで伝統を表現した空間と、未来を表現した白い空間の、2つのエリアで構成。新作や新しいパッケージの商品は"未来"のエリアにディスプレーしている。店内奥には6席のイートインコーナーもある。

17世紀から続くスペシャリテの
プラリーヌをベースに新商品を開発

　プラリーヌは、フランスの古典菓子の一つだが、本家本元のレシピが「ラ・メゾン・ドゥ・ラ・プラリーヌ・マゼ」（以下マゼ）のものといわれている。17世紀、ルイ13世と14世に仕えたプララン公爵にその名の由来があり、公爵の給仕長を務めていたクレマン・ジャルゾが1636年に開発。モンタルジーにコンフィズリー「オ・デュック・ドゥ・ プララン」を創業している。

　マゼの歴史がはじまったのは、1903年。現オーナーのブノワ・ディジョンさんの祖父で、企業家でありコンフィズール（砂糖菓子職人）でもあったレオン・マゼ氏が、レシピと店を引き継ぎ、マゼを創業してからだ。13年にはパリ1号店を開業。38年には、アーモンドのヌガティーヌをチョコレートで包んだ「ラマンダ」を発表するなど、商品開発にも力を入れてきた。

　その後、マゼ氏の義理の息子であるギー・ディジョン氏とその息子のブノワさんが店を支え、キャラメリゼしたナッツをチョコレートでおおった「ミラボー」や「グルロン」、「ジブレット」など次々と新作を開発していった。92年にはパリ店を高級ブティックが並ぶヴィクトール・ユゴー通りに移転したが、2010年に閉店。あらためて"高級なコンフィズリー"を多くの人に提案しようと、約2年間の充電期間を経て12年のオープンに至ったという。

積極的に試食をすすめるスタッフ。商品知識も豊富で、一つひとつていねいに説明しながら接客する。

オーナーのブノワ・ディジョンさん。1903年に祖父のレオン・マゼ氏が買収した1636年創業の「オ・デュック・ドゥ・プララン」に84年に入社。87年に代表に就任。

伝統と未来を表現した空間

　新店のコンセプトは、"伝統の継承と未来への展望"。建築家の米川淳氏が手がけた店舗は、入口を入るとまず、伝統を表現した空間が広がる。濃い茶色の木製家具や床のタイル、壁や天井の装飾まで、モンタルジーの本店を再現した。一方、入口左手には、真っ白な空間をつくり、新作や新しいパッケージを置いて未来を表現したという。

　伝統の空間には、約5品をそろえるスペシャリテのプラリーヌや、ボンボン・ショコラなど、伝統の味を陳列。未来の空間には、マゼ創業以降に開発した商品や新作を中心に並べている。新店オープンを機に、プラリーヌ入りのマカロンやクッキーなどのパリ店限定商品を発表するなど、商品開発にも注力。また、積極的に試食をすすめたり、イートインコーナーを設けたりすることで、商品の魅力をより多くの人に伝えている。

プラリーヌ *Praslines*

ローストしたアーモンドをキャラメルがけしたスペシャリテ。17世紀から伝わるレシピでつくる。パッケージのデザインも好評（15g・€3.90）。

イートインコーナーでは、プラリーヌ入りのフィナンシェやクッキーなどを添えたチョコレートフォンデュを提供。フォンデュはオレンジやキャラメルなど5種の風味をそろえる。紅茶などのドリンク付きで€8.90。

ジブレット *Givrettes*

ショコテ *Chokothé*

ユズのプラリーヌ *Praslines Yuzu*

塩キャラメルのプラリーヌ *Praslines au Caramel Salé*

オレンジとクローヴのプラリーヌ *Praslines Orange Clove*

「ジブレット」（100g・€17.40）は、キャラメリゼしたアーモンドをミルクチョコレートで包んだもの。「ショコテ」（100g・€7.50）は、角切りにしたショウガのコンフィをダージリンの茶葉を混ぜ込んだチョコレートでコーティング。ショコテのパッケージは取材時（2012年）のもの。

写真奥から、ユズ風味のキャラメルをローストアーモンドにコーティングした「ユズのプラリーヌ」（€4.90）。「塩キャラメルのプラリーヌ」（€8.90）は、塩とバターを多めに配合したキャラメルがリッチな味わい。塩味をきかせることで、全体の味を引き締めた。「オレンジとクローヴのプラリーヌ」（€9.50）は、フランスでは冬の香りとしてなじみ深いオレンジとクローヴの風味をキャラメルにつけた。さわやかでスパイシーな香りが個性的。

157

パリで製菓を学ぶ！

パリの製菓学校には、世界中から受講生が訪れています。プロをめざす人、スキルアップのためなど、目的はさまざま。また近年は、誰でも受講できる製菓教室も増えてきました。ここでは、短期間で学べるプロとアマチュア向けの伝統校2校を紹介します。

旅行中でも学べる短時間コースが人気
エコール・アマトゥール・パヴィヨン・エリゼ・ルノートル
Ecole Amateurs Pavillon Elysée Lenôtre

- 住所／10 avenue des Champs-Élysées 75008 Paris（Map A 162頁）
- 電話／01 30 81 44 96
- メトロ／Champs-Élysées Clemenceau
- http://www.lenotre.fr／

　フランスを代表するパティスリー「ルノートル」が運営する製菓学校は、プロ向けとアマチュア向けの2校がある。まずプロ向けは1971年、パリ郊外プレジールにある本社ラボの隣に開設。アマチュア向けは1990年、シャンゼリゼ大通りにある同店経営のレストラン「パヴィヨン・エリゼ」内に併設された。現在は12区の店内でも受講できる。

　アマチュア講座は、2時間から1日（8時間）まで（€80.00～280.00）。2時間の講座では、2種のマカロンやタルト・シトロン、ブラウニーとフルーツのクランブル、3時間なら昔風シャルロットや4種のチョコレート菓子、4時間では、シャンパーニュ風味のアントルメ、チーズケーキ、ブリオッシュなどをつくる。1日コースは6種のチョコレート・デザートづくりで、パヴィヨン・エリゼでの昼食も含まれる。

　さらにパティスリーの生地（シュー、ブリオッシュ、ブリゼなど）やクリーム（パティシエール、アングレーズ、ブリュレ、キャラメルなど）の基礎、クロカンブッシュ、アメ細工、現在も店頭に並んでいるガストン・ルノートル氏の代表作「フイユ・ドトンヌ」「コンチェルト」「フォレ・ノワール」などのオリジナルレシピが学べる講座も。アマチュア向けとはいえ、基礎や伝統から最新の味まで網羅しているのは、実績と歴史のある同校ならではといえる。

　講師は校長のフィリップ・ゴベさんのほか3人。生徒数は1クラス最大7～8人と少人数で、きめ細かな指導に定評がある。男女年齢を問わずパリのお菓子好きが多く参加していて、リピーターも多いため、パリらしい雰囲気も味わえるはずだ。

講座：マカロンのデュオ ピスタチオとバニラ
Duo de Macarons Pistache-Vanille

2時間で2種のマカロンをつくるコース（€80.00）に5人が受講。講師のピエール・ブレヴォさんがマカロン生地やクリームのつくり方、絞り方などを指導した。写真は、焼いた生地にクリームを絞る仕上げの作業。

ほかの菓子づくりでも不可欠な生地やクリームの絞り方はくり返しコツを指導。今回のレシピは24時間やすませたほうがおいしいそう。つくった菓子は持ち帰ることができる。

プロ・アマチュア向けの両校で校長を務めるフィリップ・ゴベさん。伝統菓子のレシピ本も出版しており、みずから授業を受けもつこともある。

スキルアップを図るプロ向け講座が満載
エコール・ガストロノミック・ベルエ・コンセイユ
Ecole Gastronomique Bellouet Conseil

- 住所／304-306 rue Lecourbe 75015 Paris（Map I 167頁）
- 電話／01 40 60 16 20
- メトロ／Lourmel
- http://www.ecolebellouetconseil.com/

フランス、そして世界中のパティシエが研修にやって来るプロ向けの製菓学校で、1989年、M.O.F.（フランス最優秀職人）パティシエのジョエル・ベルエさんとジャン＝ミシェル・ペルションさんが創設。2006年からはペルションさんが校長を務めている。講師は5人で、外部のパティシエやショコラティエによる特別講座も開かれる。

短期のコースは2日～5日間で、全部で38講座（€703.33～1758.33）。プチガトーから焼き菓子、アントルメ、アントルメ・グラッセ、レストランデザート、マカロン、伝統菓子、タルト、アメ細工まで学べる。今年からイースター用チョコレート、ブッシュ・ド・ノエル、ピエスモンテ、ウェディングケーキ、カクテルパーティーといった6つの新講座が登場。プロの要望にこたえ、現代の市場に求められる技術や情報をつねに提供している。

講座の内容は、プロの視点によって細かく分かれているのが特徴だ。たとえばプチガトーは、伝統菓子のほか、すばやく効率的に仕上げられる「クレアシオン・ブティック（ショップ用クリエーション）」、新しいデザインや形をとり入れた「アンビアンス」、伝統菓子を現代風に見直した「ヌーヴェル・タンダンス（新しいトレンド）」がある。このほか「パリとフランス菓子の発見」と題した英語による4日間コース（€1295.00）は、3日間の実習と、講師とともにパリのパティスリーをまわる1日で構成。短時間でパリの傾向を知りたい人にはぴったりだ。

一方、長期講座は3ヵ月間。終了後、希望すれば、パティスリーで60日間研修することもできる。

講座：プチガトー"新しいトレンド"
Petits Gâteaux Individuels « Nouvelles Tendances »

3日間で12種のプチガトーを製作。モンブランやルリジューズ、チョコレートやフルーツを使ったパティスリーを、ドーム形や長方形のほか、ロールケーキや棒アイスを思わせる現代風のデザインに仕上げた。最終日には、完成したパティスリーを校内に陳列して試食する。講師はジョアン・マルタンさん。

校長のジャン＝ミシェル・ペルションさん。講座最終日には、修了証書を1人ひとりの受講生に手わたしている。校内にはプロの緊張感とともに、アットホームな雰囲気も流れている。

講座：引きアメ Sucre Tiré

フランク・コロンビエさんを講師に、アメのつくり方やのばし方、光沢の出し方といった引きアメの基本や流しアメを学び、花をモチーフにしたピエスモンテを製作。最終日は作品とともに記念撮影。アメ細工ではこのほか、吹きアメ、ピエスモンテなどの講座がある。

159

掲載店 Map

　パリ市の面積はじつは東京の山手線の内側くらいで、そんなに大きな街ではありません。しかし、その中にはじつに多くの、多彩なパティスリーがあります。ここでは、本書で紹介した店の所在地を地図上に表わしました。パリのパティスリーを巡るときは、街のつくりやモニュメントの位置関係を把握しているとスムーズです。また、パリではどんな小さな道にも名前がつけられています。通りにはかならず名前を記したプレートが掲げられているので、通り名を確認しながら行くと、道に迷うことはないでしょう。街歩きには、メトロが便利です。メトロの駅は至るところにあるので、短時間で目的地にたどり着くことができます。

　ちなみに、パリ市は中心部から外に向かって渦巻状に1区から20区に分かれており、住所の最後にある5桁の郵便番号の下2桁を見れば、行きたい店が何区にあるかわかります。「75」がパリ市の郵便番号なので、たとえば1区は「75001」、11区は「75011」です。

マドレーヌ広場～オペラ地区周辺
Map A (162～163頁)

Map H (167頁)

トロカデロ広場～
ヴィクトール・ユゴー広場周辺
Map D (167頁)

Map F (166頁)

Map E (166頁)

Map I (167頁)

サン・ジェルマン・デ・プレ～
モンパルナス周辺
Map B (164～165頁)

Map G (166頁)

マレ地区～バスティーユ広場周辺
Map C (166頁)

> ➡百貨店にも有名パティスリーの商品が多数そろっているので要チェック。オペラ地区の**ギャラリー・ラファイエット** Galeries Lafayette (Map A) には、「アンジェリーナ」や「ジャン＝ポール・エヴァン」、「ダロワイヨ」、「パティスリー・サダハル・アオキ・パリ」、「ピエール・エルメ・パリ (マカロン＆ショコラ)」、「ル・ショコラ アラン・デュカス マニファクチュール・ア・パリ」が、**プランタン・オスマン本店** Printemps Haussmann (Map A) には、「ア・ラ・メール・ド・ファミーユ」、「ユゴー＆ヴィクトール」、「ラデュレ」が出店。サン・ジェルマン・デ・プレにある老舗百貨店**ル・ボン・マルシェ** Le Bon Marché (Map B) の食料品館**ラ・グランド・エピスリー・ド・パリ** La Grande Epicerie de Paris (Map B) では、「フォション」などの商品を購入することができる。

掲載店リスト

あ

ア・シモン　A.Simon
モンマルトル通り (86頁) ／48-52 rue Montmartre 75002　Map A

ア・ラ・メール・ド・ファミーユ　A la Mère de Famille
フォブール・モンマルトル通り
(フォブール・モンマルトル店 146頁) ／
33 et 35 rue du Faubourg Montmartre 75009　Map A
モントルグイユ通り／82 rue Montorgueil 75002　Map A
クレ通り／47 rue Cler 75007　Map B
シェルシュ・ミディ通り／39 rue du Cherche Midi 75006　Map B
ボナパルト通り／70 rue Bonaparte 75006　Map B
ポンプ通り／59 rue de la Pompe 75016　Map D

アルノー・ラエール　Arnaud Larher
セーヌ通り (セーヌ店 92頁) ／93 rue de Seine 75006　Map B

アンジェリーナ　Angelina
リヴォリ通り (リヴォリ店 74頁) ／226 rue de Rivoli 75001　Map A
バック通り／108 rue du Bac 75007　Map B

アンリ・ルルー　Henri Le Roux
マルティール通り／24 rue des Martyrs 75009　Map A
ブルボン・ル・シャトー通り
(サン・ジェルマン店 138頁) ／
1 rue de Bourbon le Château 75006　Map B

エコール・アマトゥール・パヴィヨン・エリゼ・ルノートル
Ecole Amateurs Pavillon Elysée Lenôtre
シャンゼリゼ通り (158頁) ／
10 avenue des Champs-Élysées 75008　Map A

エコール・ガストロノミック・ベルレ・コンセイユ
Ecole Gastronomique Bellouet Conseil
ルクルブ通り (159頁) ／304-306 rue Lecourbe 75015　Map I

か

カール・マルレッティ　Carl Marletti
サンシェ通り (28頁) ／51 rue Censier 75005　Map B

ガトー・トゥー・ミュー　Gâteaux Thoumieux
サン・ドミニク通り (16頁) ／58 rue Saint Dominique 75007　Map A

カレット　Carette
ヴォージュ広場／25 place des Vosges 75003　Map C
トロカデロ広場 (トロカデロ店 78頁) ／
4 place du Trocadéro 75016　Map D

クリストフ・ルセル デュオ クレアティフ アヴェック ジュリ
Christophe Roussel duo créatif avec Julie
タルデュ通り (142頁) ／5 rue Tardieu 75018　Map H

さ

ジェラール・ミュロ　Gérard Mulot
セーヌ通り (サン・ジェルマン店 104頁) ／
76 rue de Seine 75006　Map B
パ・ド・ミュル通り／6 rue du Pas de la Mule 75003　Map C
グラシエール通り／93 rue de la Glacière 75013　Map G

ジャック・ジュナン フォンダー・アン・ショコラ
Jacques Genin Fondeur en Chocolat
テュレンヌ通り (32頁) ／133 rue de Turenne 75003　Map C

ジャン＝シャルル・ロシュー　Jean-Charles Rochoux
アザス通り (118頁) ／16 rue d'Assas 75006　Map B

ジャン＝ポール・エヴァン　Jean-Paul Hévin
サントノレ通り (サントノレ店 110頁) ／
231 rue Saint Honoré 75001　Map A
ヴァヴァン通り／3 rue Vavin 75006　Map B
モット・ピケ通り／23 bis avenue de la Motte Picquet 75007　Map B

シュクレ・カカオ　Sucré Cacao
ガンベッタ通り／89 avenue Gambetta 75020　Map F

ストレール　Stohrer
モントルグイユ通り (58頁) ／51 rue Montorgueil 75002　Map A

セバスチャン・ゴダール　Sébastien Gaudard
マルティール通り (12頁) ／22 rue des Martyrs 75009　Map A

た

ダロワイヨ　Dalloyau
フォブール・サントノレ通り (サントノレ店 62頁) ／
101 rue du Faubourg Saint Honoré 75008　Map A
エドモン・ロスタン広場／2 place Edmond Rostand 75006　Map B
グルネル通り／63 rue de Grenelle 75007　Map B
ボーマルシェ通り／63 boulevard Beaumarchais 75004　Map C

デ・ガトー・エ・デュ・パン　Des Gâteaux et du Pain
パストゥール通り (パストゥール店 24頁) ／
63 boulevard Pasteur 75015　Map B
バック通り／89 rue du Bac 75007　Map B

は

パティスリー・サダハル・アオキ・パリ　Pâtisserie Sadaharu Aoki Paris
ヴォジラール通り／35 rue de Vaugirard 75006　Map B
ペリニヨン通り (セギュール店 44頁) ／25 rue Pérignon 75015　Map B
ポール・ロワイヤル通り／56 boulevard de Port Royal 75005　Map B

パトリック・ロジェ　Patrick Roger
マドレーヌ広場 (マドレーヌ店 114頁) ／
3 place de la Madeleine 75008　Map A
サン・ジェルマン通り／108 boulevard Saint Germain 75006　Map B
サン・シュルピス広場／2-4 place Saint Sulpice 75006　Map B
レンヌ通り／91 rue de Rennes 75006　Map B
ヴィクトール・ユーゴー通り／45 avenue Victor Hugo 75016　Map D

パン・ド・シュクレ　Pain de Sucre
ランビュトー通り (36頁) ／14 rue Rambuteau 75003　Map C

ピエール・エルメ・パリ　Pierre Hermé Paris
ヴォジラール通り (ヴォジラール店 88頁) ／
185 rue de Vaugirard 75015　Map B
ボナパルト通り／72 rue Bonaparte 75006　Map B
オペラ通り (マカロン＆ショコラ) ／39 avenue de l'Opéra 75002　Map A
コンボン通り (マカロン＆ショコラ) ／4 rue Cambon 75001　Map A
マルゼルブ通り (マカロン＆ショコラ) ／
89 boulevard Malesherbes 75008　Map A
サン・クロワ・ド・ラ・ブルトヌリ通り (マカロン＆ショコラ) ／
18 rue Sainte Croix de la Bretonnerie 75004　Map C
ポール・デュメ通り (マカロン＆ショコラ) ／
58 avenue Paul Doumer 75016　Map D

ピエール・マルコリーニ　Pierre Marcolini
スクリーブ通り (スクリーブ店 126頁) ／3 rue Scribe 75009　Map A
セーヌ通り／89 rue de Seine 75006　Map B
バック通り／78 rue du Bac 75007　Map B

フーケ　Fouquet
フランソワ・プルミエ通り (モンテーニュ店 150頁) ／
22 rue François 1er 75008　Map A
ラファイエット通り／36 rue Laffitte 75009　Map A

フォション　Fauchon
マドレーヌ広場 (マドレーヌ店 70頁) ／
24-26, 30 place de la Madeleine 75008　Map A

ま

ミッシェル・ショーダン　Michel Chaudun
ユニヴェルシテ通り (122頁) ／149 rue de l'Université 75007　Map A

モラ　Mora
モンマルトル通り (86頁) ／13 rue Montmartre 75001

や

ユゴー＆ヴィクトール　Hugo & Victor
ゴンブスト通り／7 rue Gomboust 75001
ラスパイユ通り (リヴ・ゴーシュ店 24頁) ／
40 boulevard Raspail 75007　Map B

ら

ラデュレ　Ladurée
ロワイヤル通り (ロワイヤル店 66頁) ／16-18 rue Royale 75008　Map A
ボナパルト通り／21 rue Bonaparte 75006　Map B

ラ・パティスリー・デ・レーヴ　La Pâtisserie des Rêves
バック通り／93 rue du Bac 75007　Map B
ロンシャン通り (ロンシャン店 8頁) ／
111 rue de Longchamp 75016　Map D

ラ・パティスリー・バイ・シリル・リニャック
La Pâtisserie by Cyril Lignac
ポール・ベール通り (ポール・ベール店 20頁) ／
24 rue Paul Bert 75011　Map E

ラ・メゾン・ドゥ・ラ・プラリーヌ・マゼ　La Maison de la Prasline Mazet
アルシーヴ通り (154頁) ／37 rue des Archives 75004　Map C

ル・ショコラ アラン・デュカス マニファクチュール・ア・パリ
Le Chocolat Alain Ducasse Manufacture à Paris
ロケット通り (130頁) ／40 rue de la Roquette 75011　Map C

ルノートル　Lenôtre
クールセル通り／15 boulevard de Courcelles 75008　Map A
モット・ピケ通り／36 avenue de la Motte Picquet 75007　Map B
ルクルブ通り／61 rue Lecourbe 75015　Map B
サン・アントワーヌ通り／10 rue Saint Antoine 75004　Map C
ヴィクトール・ユーゴー通り (ヴィクトール・ユーゴー店 82頁) ／
48 avenue Victor Hugo 75116　Map D

レクレール・ド・ジェニ　L'Éclair de Génie
パヴェ通り (マレ店 48頁) ／14 rue Pavée 75004　Map C

レ・マルキ・ド・ラデュレ　Les Marquis de Ladurée
カスティグリオン通り (134頁) ／14 rue de Castiglione 75001　Map A

ローラン・デュシェーヌ　Laurent Duchêne
ヴルツ通り (100頁) ／2 rue Wurtz 75013　Map G

161

Map A マドレーヌ広場〜オペラ地区周辺

St-Georges	Rue Manuel
Rue des Martyrs	アンリ・ルルー
セバスチャン・ゴダール	Rue Choron
12頁	Poissonnière

Trinité d'Estienne d'Orves

ギャラリー・ラファイエット（百貨店）

Notre-Dame de Lorette

Cadet

Le Peletier

Rue du Fg. Montmartre

ア・ラ・メール・ド・ファミーユ フォブール・モンマルトル店
146頁

Chaussée d'Antin La Fayette

Rue Laffitte

フーケ

レ・ガルニエ
lais Garnier

Bd. des Italiens

Richelieu Drouot

Grands Boulevards

Bonne Nouvelle

Opéra

ピエール・エルメ・パリ（マカロン＆ショコラ）

Quatre Septembre

Bourse

Sentier

ア・シモン
86頁

ア・ラ・メール・ド・ファミーユ

Av. de l'Opéra

マルシェ・サントノレ広場
Pl. du Marché St-Honoré

ゴー＆イクトール
Pyramides

Rue Étienne Marcel

モラ
86頁

Rue Montmartre

Rue Montorgueil

ストレール
58頁

ジャン＝ポール・エヴァン サントノレ店
10頁

パレ・ロワイヤル
Palais Royal

Étienne Marcel

Palais Royal Musée du Louvre

Les Halles

ルーヴル美術館
Musée du Louvre

Louvre Rivoli

Châtelet

MapB サン・ジェルマン・デ・プレ〜モンパルナス周辺

パリ市街地図

- **Pont Neuf** Ⓜ
- **Hôtel de Ville** Ⓜ
- **Châtelet** Ⓜ
- シテ島 Île de la Cité
- **Cité** Ⓜ
- ノートルダム大聖堂 Cathédrale Notre-Dame de Paris
- アンリ・ルルー ラデュレ サン・ジェルマン店 **138頁**
- Rue de Bourbon le Château
- ピエール・マルコリーニ
- アルノー・ラエール セーヌ店 **92頁**
- Rue Bonaparte
- Rue Jacob
- Rue de Seine
- サン・ジェルマン・デ・プレ教会 / St-Germain des Prés Ⓜ
- ア・ラ・メール・ド・ファミーユ
- **Mabillon** Ⓜ
- ピエール・エルメ パリ
- **St-Michel** Ⓜ
- **Odéon** Ⓜ
- パトリック・ロジェ
- Rue St-Sulpice
- **St-Sulpice** Ⓜ
- パトリック・ロジェ
- サン・シュルピス教会 Eglise St-Sulpice
- Pl.St-Sulpice サン・シュルピス広場
- Cluny La Sorbonne Ⓜ
- ジェラール・ミュロ サン・ジェルマン店 **104頁**
- Rue Monsieur le Prince
- **Maubert Mutualité** Ⓜ
- パティスリー・サダハル・アオキ・パリ
- ダロワイヨ
- リュクサンブール公園 Jardin du Luxembourg
- エドモン・ロスタン広場 Pl. Edmond Rostand
- Bd. St-Michel
- パンテオン Panthéon
- Rue Vavin
- ジャン=ポール・エヴァン
- Rue d'Assas
- Rue Mouffetard
- **Censier Daubenton** Ⓜ
- Rue Censier
- カール・マルレッティ **28頁**
- Rue Monge
- Av. des Gobelins
- Bd. de Port Royal
- Raspail
- パティスリー・サダハル・アオキ・パサ

165

Map C マレ地区〜バスティーユ広場周辺

Map D トロカデロ広場〜ヴィクトール・ユゴー広場周辺

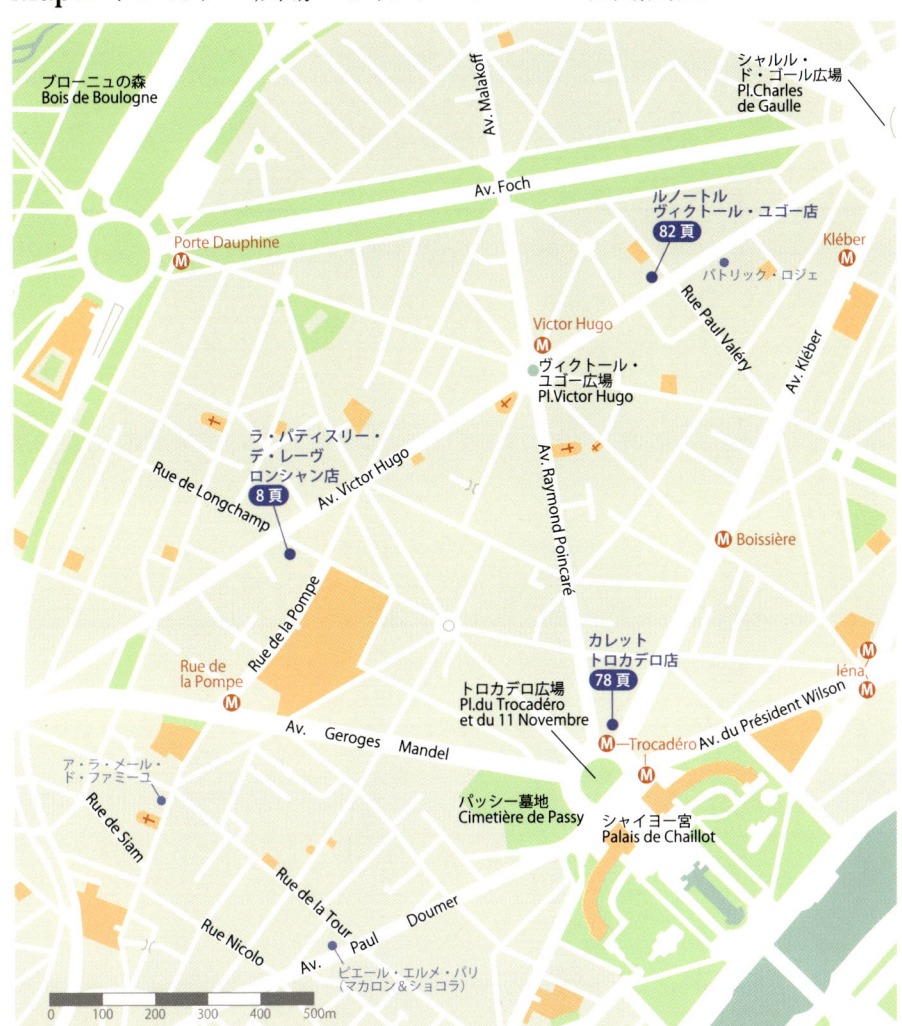

Map H

Map I

パティシエと、
お菓子好きのための

パリ・パティスリー・ガイド

● ● ● ●

初版印刷　2014年5月20日
初版発行　2014年6月5日

編者ⓒ　　柴田書店
発行者　　土肥大介
発行所　　株式会社 柴田書店
　　　　　東京都文京区湯島3-26-9 イヤサカビル 〒113-8477
　　　　　営業部 03-5816-8282（注文・問合せ）
　　　　　書籍編集部 03-5816-8260
　　　　　URL http://www.shibatashoten.co.jp/

印刷・製本　凸版印刷株式会社

本書収録内容の無断掲載・複写（コピー）・引用・データ配信等の行為は固く禁じます。
落丁・乱丁本はお取り替えいたします。

ISBN978-4-388-35347-7
Printed in Japan